大连古建筑测绘十书

城山古城·法华寺

王　丹　吴晓东　胡文荟　著

中国建筑既是延续了两千余年的一种工程技术，本身已造成一个艺术系统，许多建筑物便是我们文化的表现、艺术的大宗遗产。

——梁思成

江苏凤凰科学技术出版社

图书在版编目（CIP）数据

大连古建筑测绘十书．城山古城·法华寺 / 王丹主编 ；王丹，吴晓东，胡文荟著．-- 南京 ：江苏凤凰科学技术出版社，2016.5
ISBN 978-7-5537-6236-4

Ⅰ．①大… Ⅱ．①王… ②吴… ③胡… Ⅲ．①古建筑-建筑测量-大连市-图集 Ⅳ．①TU198-64

中国版本图书馆CIP数据核字(2016)第058347号

大连古建筑测绘十书

城山古城·法华寺

著　　者　王　丹　吴晓东　胡文荟
项目策划　凤凰空间/郑亚男　张　群
责任编辑　刘屹立
特约编辑　张　群　李皓男　周　舟　丁　兴

出版发行　凤凰出版传媒股份有限公司
　　　　　江苏凤凰科学技术出版社
出版社地址　南京市湖南路1号A楼，邮编：210009
出版社网址　http://www.pspress.cn
总　经　销　天津凤凰空间文化传媒有限公司
总经销网址　http://www.ifengspace.cn
经　　销　全国新华书店
印　　刷　北京盛通印刷股份有限公司

开　　本　965 mm×1270 mm 1/16
印　　张　5.5
字　　数　44 000
版　　次　2016年5月第1版
印　　次　2023年3月第2次印刷

标准书号　ISBN 978-7-5537-6236-4
定　　价　98.80元

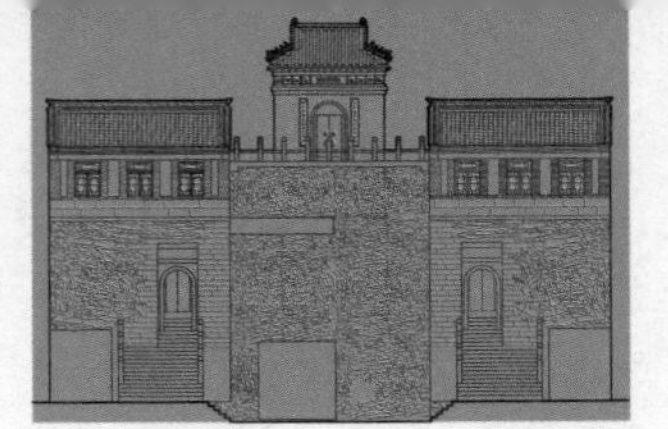

图书总序

我在大连理工大学建筑与艺术学院兼职数年，看到建筑系一群年轻教师在胡文荟教授的带领下，对中国传统建筑文化研究热情高涨，奋力前行，很是令人感动。去年，我欣喜地看到了他们研究团队对辽南古建筑研究的成果，深感欣慰的同时，觉得很有必要向大家介绍一下他们的工作并谈一下我的看法。

这套丛书通过对辽南10余处古建筑的测绘、分析与解读，从一个侧面传达了我国不同地域传统建筑文化的传承与演进的独有的特色，以及我国传统文化在建筑中的体现与价值。

中国古代建筑具有悠久的历史传统和光辉的成就，无论是在庙宇、宫室、民居建筑及园林，还是在建筑空间、艺术处理与材料结构的等方面，都对人类有着卓越的创造与贡献，形成了有别于西方建筑的特殊风貌，在人类建筑史上占有重要的地位。

自近代以来，中国文化开始了艰难的转变过程。从传统社会向现代社会的转变，也是首先从文化的转变开始的。如果说中国传统文化的历史脉络和演变轨迹较为清晰的话，那么，近代以来的转变就似乎显得非常复杂。在近代以前，中国和西方的城市及建筑无疑遵循着不同的发展道路，不仅形成了各自的文化制式，而且也形成了各自的城市和建筑风格。

近代以来，随着西方列强的侵入以及建筑文化的深入影响，开始对中国产生日益强大的影响。长期以来，认为西方城市建筑是正统历史传统，东方建筑是非正统历史传统这一“西方中心说”的观点存在于世界建筑史研究领域中。在弗莱彻尔的《比较建筑史》上印有一幅插图——“建筑之树”，罗马、希腊、罗蔓式是树的中心主干，欧美一些国家哥特式建筑、文艺复兴建筑和近代建筑是上端的6根主分枝。而摆在下面一些纤弱的幼枝是印度、墨西哥、埃及、亚述及中国等，极为形象地表达了作者的建筑“西方中心说”思想。今天，建筑文化的特质与地域性越发引起人们的重视。中国的城市与建筑无论古代还是近代与当代，都被认为是在特定的环境空间中产生的文化现象，其复杂性、丰富性以及特殊意义和价值已经令所有研究者无法回避了。

在理论层面上开拓一条中国建筑的发展之路就是对中国传统建筑文化的研究。

建筑文化应该是批判与实践并重的，因为它不局限于解释各种建筑文化现象，而是要为建筑文化的发展提供价值导向。要提供价值选向，先要做出正确的价值评判，所以必须树立一种正确的价值观。这套丛书也是在此方面做出了相当的努力。当然得承认，传统文化可能是也一柄多刃剑。一方面，传统文化也可能成为一副沉重的十字架，限制我们的创造潜能；而另一面，任何传统文化都受历史的局限，都可能是糟粕与精华并存，即便是精华，也往往离不开具体的时空条件。与此同时又可以成为智慧的源泉，一座丰富的宝库，它扩大我们的思维，激发我们的想象。

中国传统文化博大精深，建筑文化更是同样。这套书的核心在如下三个方面论述：具体层面的，传统建筑中古典美的斗拱、屋顶、柱廊的造型特征，书画、诗文与工艺结合的装修形式，以及装饰纹样、各式门窗菱格，等等。宏观层面的，“天人合一”的自然观和注重环境效应的“风水相地”思想，阴阳对立、有无互动的哲学思维和“身、心、气”合一的养生观，等等。这期中蕴含着丰富的内涵、深邃的哲理和智慧。中观层面的，庭院式布局的空间韵律，自然与建筑互补的场所感，诗情画意、充满人文精神的造园艺术，形、数、画、方位的表象与隐喻的象征手法。当然不论是哪个层面的研究，传统对现代的价值还需要我们在新建筑的创作中去发掘，去感知。

2007 年以来，这套丛书的作者们先后对位于大连市的城山山城、巍霸山城、卑沙山城附近范围的 10 余处古建进行了建筑测绘和研究工作，而后汇集成书。这套大连古建筑丛书主要以照片、测绘图纸、建筑画和文字为主，并辅以视频光盘，首批先介绍大连地区的 10 余处古建，让大家在为数不多的辽南古建筑中感受到不同的特色与韵味。

希望他们的工作能给中国的古建筑研究添砖加瓦，对中国传统建筑文化的发展有所裨益。

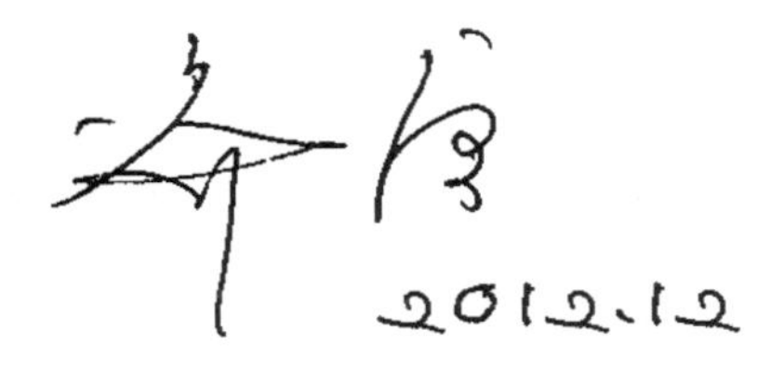

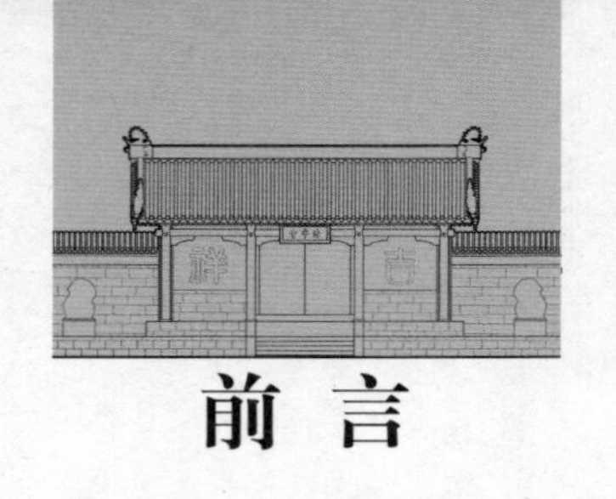

前言

古城禅意。

城山古城，高岭险峻，壑谷纵横，峡长幽深，溪水曲绕；古墙逶迤，曲径通幽，楼台高筑，庙宇精绰；青山绿水，鸟语花香，恬静幽雅，风景如画。

法华寺静静地矗立在南城内，在苍松翠柏掩映之中，为古城增添了几许历史幽香。有诗赞道：“寺对丛林远谷氛，老僧策杖立斜曛。临溪试问禅家乐，笑指春山一片云。”

禅悟常发生于自然景象的观察中，山水花木也成为说解禅意的法门。

慈航普度，禅意滋生，佛度有缘人，静心洗凡尘。禅意是宁静淡泊的心有所属，是不经意间凝结成丝丝馨风漫洒的醇香。如诗岁月，芳华似花。凝思舒卷，意韵醇芳。舒卷泼墨，展纸挥毫，逸韵淳芳，字沁文暖。

一花一叶一菩提，一笺一墨一心语，于时光深处翻阅流年，经年的指尖滑过思想，于默默里温婉了曾经。左手记忆，右手年华，花开不喜，花落不忧。一段风雨，一程流年，陌上花开，莞尔轻吟，有界为无界，僻静见禅意。

禅意云水间，醉卧香溪畔，人间渡香帆，叹美景如云烟，转眼千年。山水两相忘，日月无瓜葛，浮世清欢，细水长流。独坐古城，看云卷云舒，潮起潮落，于繁华红尘，随遇而安。年华在轮回中逐渐老去，心境在辗转中滋长清宁。

寻一处桃花源，种一片竹菊梅兰，等一生因果缘，结一树菩提玉蝉。

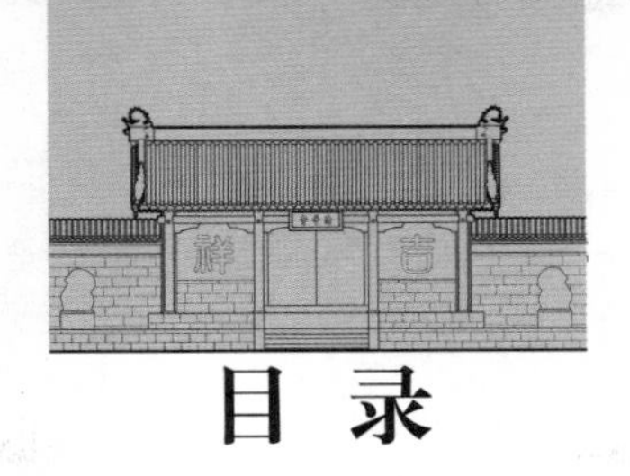

目 录

辽南大型高句丽山城

城山古城（图 1），又名积利城，是高句丽割据辽东时期修建的山城。古城始建于东晋义熙年间，距今已有 1600 多年历史，山城周长约为 3300 米，属于大型高句丽山城。城山古城分为前城、后城、夹河三部分，前后山城，遥遥相对。此地属暖温带湿润大陆性季风气候，具有一定的海洋性气候特征，气候温和，四季分明。城山古城位于庄河市西北方向约 30 公里的城山镇沙河村万德屯山上，距庄岫路 15 公里，距大庄高速 25 公里，距庄河市区 40 公里，地理位置优越，交通十分便利。

在那充满浪漫色彩，崇尚英雄的时代，高句丽产生了一批又一批卓尔不凡的王者、首领。他们或经天纬地，辟土立疆；或仿文景之治，休养生息，提虎狼之师，逐鹿东北，称雄辽东。他们为经营东北这块富饶地，做出了不可磨灭的贡献。在 700 多年的经营中，高句丽政权为了便于向外扩张和抵抗外族侵扰，建立了一套完整的军事防御系统。其中，中国辽宁、吉林两省境内有 170 余座山城。高句丽山城的特点是，大多建在山势险峻的自然山体中，且多以一座较大的山城为中心，连着若干小山城，以成相互呼应之势，增加防御的弹性和形成整体功能。从山城的规模上看，可分为大、中、小三种类型，城山古城则属于大型山城（图 2 ～图 5）。

城山古城，周长约为 3300 米，山城所用的花岗岩石料均产自当地，城墙依山势构造，除南面、东南面外，其余西、北、西北三面城墙皆利用陡峭的山崖垒筑而成，与悬崖峭壁结为一体。城山山城的墙体外部都是用大型花岗岩条石交错垒砌而成。

目前，山城的城墙大部分已经倒塌，残存的城墙残高多在 1 ～ 3 米，最高处有 9 米左右。山城设有 5 座城门，南门为正门，

图 1 城山古城景区游览路线图

在山城的西北部、北部、东部的制高点分别建有一个瞭望台，城内设有坐纛旗、蓄水池、兵营、将军阁、兵器库、烽火台、点将台等（图 6、图 7）。

城山古城历史悠久，屡经战事，是目前全国少有的古战场遗址（图 8～图 13），当年曾经是高句丽的军事要塞，隋、唐、明、辽、金时期，这里也是军事要地，战事连连。城门内高处的一块巨大的条石上留下这样几句诗：“断城残墙遗古韵，金戈铁马似有声。鏖战曾经尸横野，战旗几多血染红。观古鉴今抒旷情，险关何处觅英雄。”

城山古城是辽宁地区规模最大、保存比较完整的古城，具有重要的历史价值和旅游价值，是中华民族的一份宝贵的文化遗产。目前，这里已经成为庄河市一个重要的旅游区。

图 2 城山古城现存城关

图 3 从城山古城盘山阶梯上远眺古城

图 4 从城山古城盘山阶梯上远眺古城

图5 从城山古城山下眺望古城

图 6 城山古城现存兵营

图 7 从盘山阶梯上远眺城山古城

图 8 从城山古城防御用步道看向兵营

图 9 城山古城防御用步道

图 10 城山古城现存山城入口

图 11 城山古城现存水闸

图 12 城山古城现存瞭望台

图 13 从城山古城城墙眺望古城内

建于山城中的法华寺

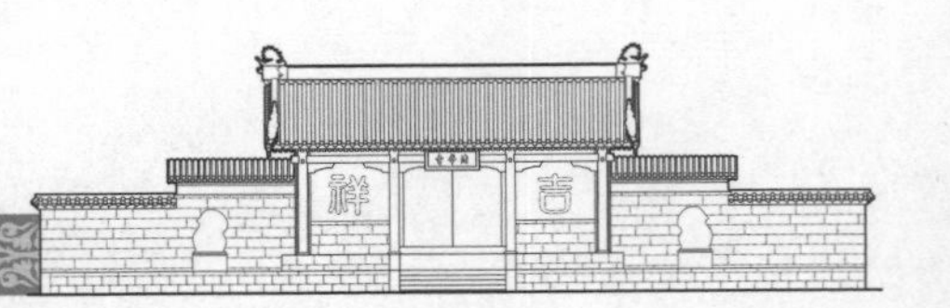

法华寺，原名觉僧寺，分为上下两院。下院建于明万历四十二年（1614 年），上院建于民国八年（1919 年）。清朝末年遭火灾被毁，庙产土地 400 余亩全都归官，后于民国初年修复。本寺因以天台法华为宗，遂更名为法华寺。1968 年此寺毁于“文革”；1994 年落实宗教政策后，由当地政府牵头，将庙宇按原样式恢复，寺院总占地面积约 26100 平方米，建筑面积约 3900 平方米。

法华寺充满佛教风情，香烟缭绕，为古城增添了几许历史幽香。法华寺四季处于苍松翠柏掩映之中，给人一种“万绿丛中一点红”的意境（图 14）。有诗赞道：寺对丛林远谷氛，老僧策杖立斜曛。临溪试问禅家乐，笑指春山一片云。

图 14 法华寺法华上寺殿艺术创作

明万历年间的下院

法华寺坐落于山城之中，位于半山坡朝阳位置，寺院总占地面积约 26100 平方米，建筑面积约 3900 平方米。寺院依坡就势，利用自然高差，建造为上下两院（图 15 ～图 17）。两院与山体自然融合，青砖碧瓦，若隐若现。

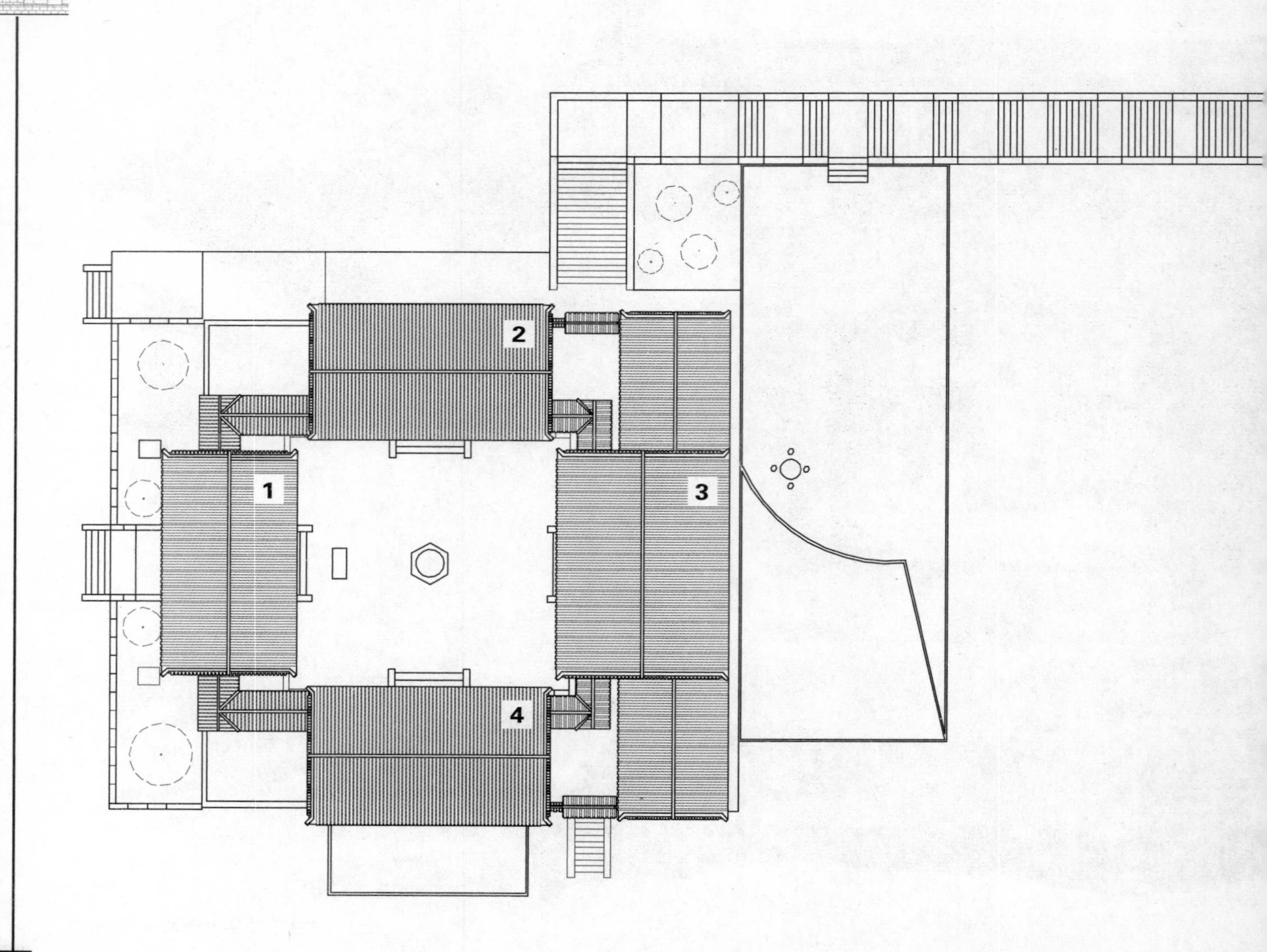

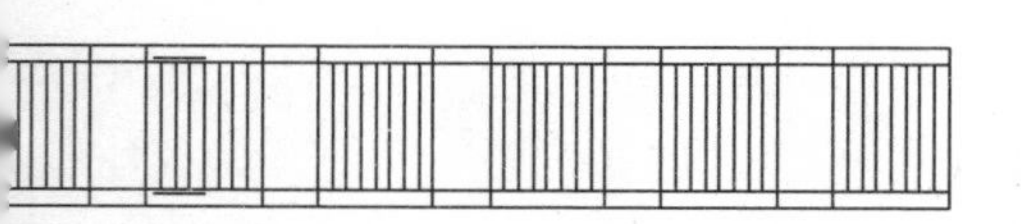

1. 山门　　6. 天王上殿
2. 乳母殿　7. 客房
3. 菩萨殿　8. 大雄宝殿
4. 法物流通　9. 菩萨殿
5. 法华上寺

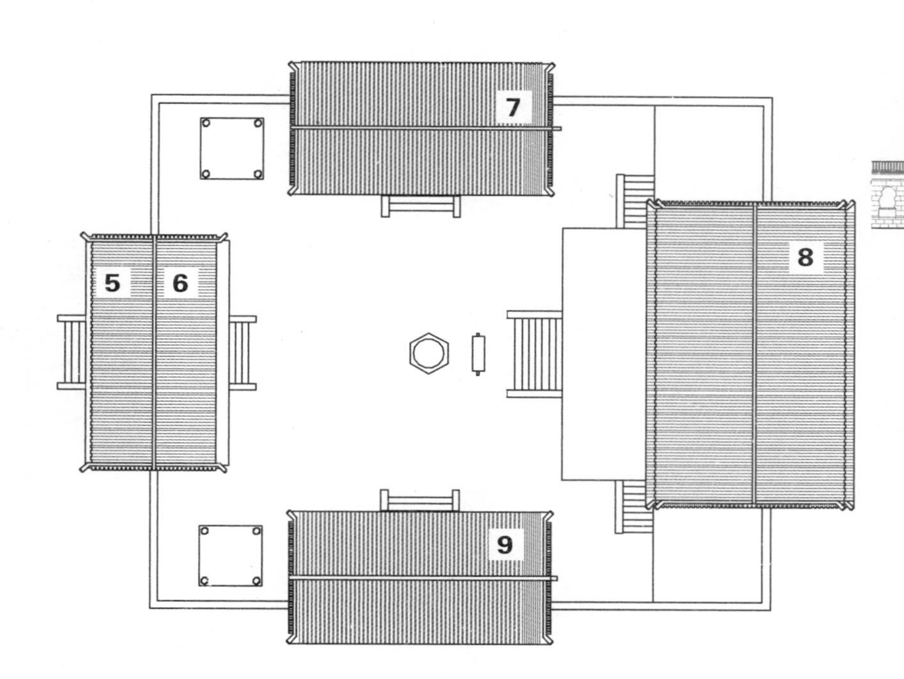

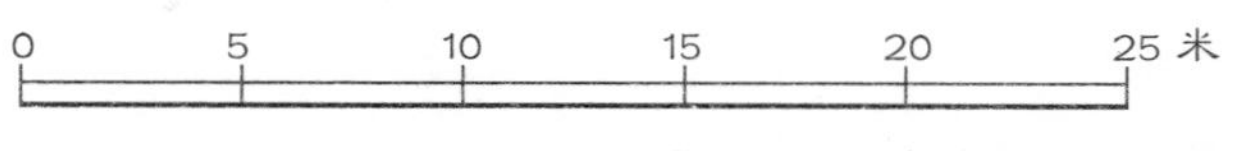

图 15 法华寺总平面测绘图

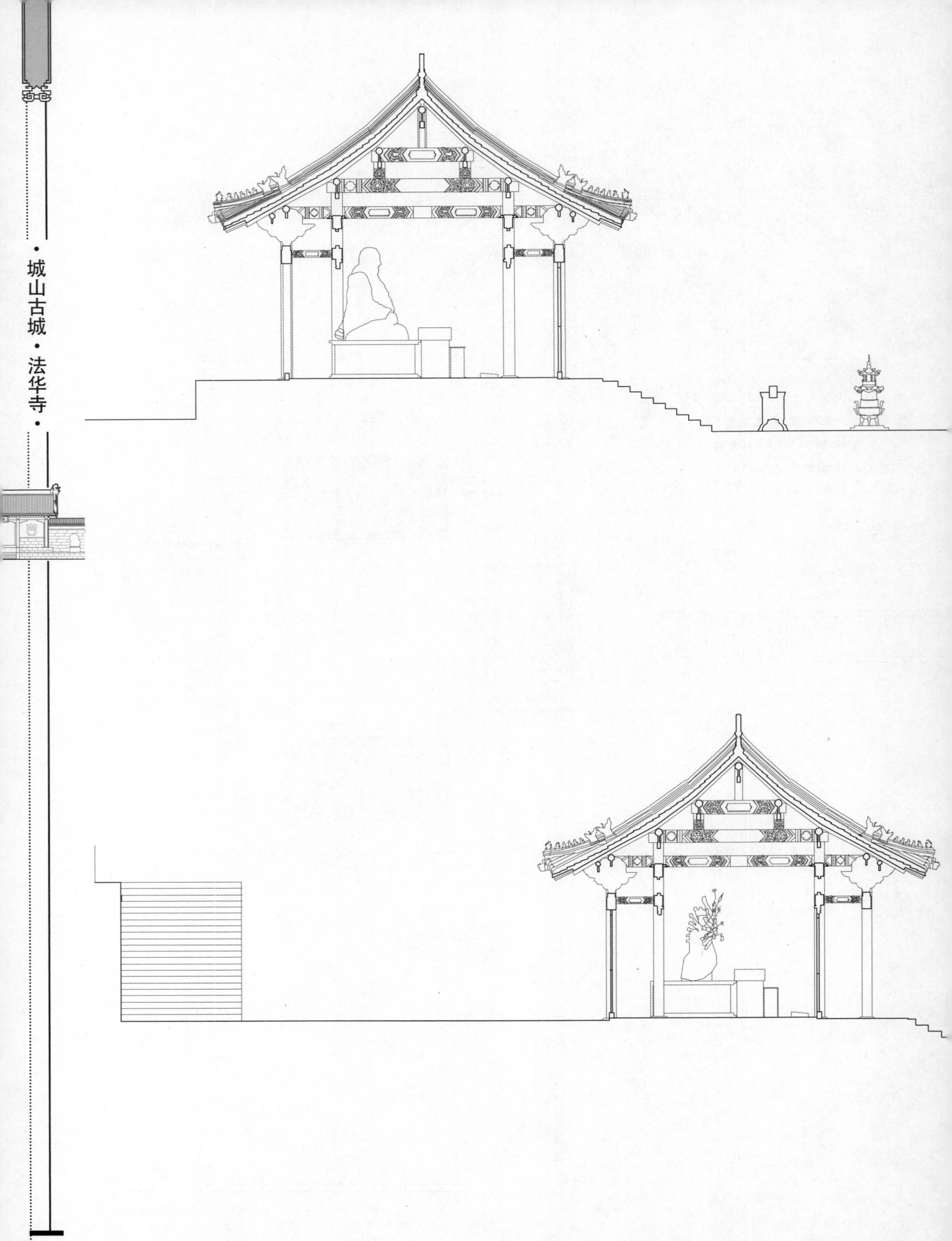

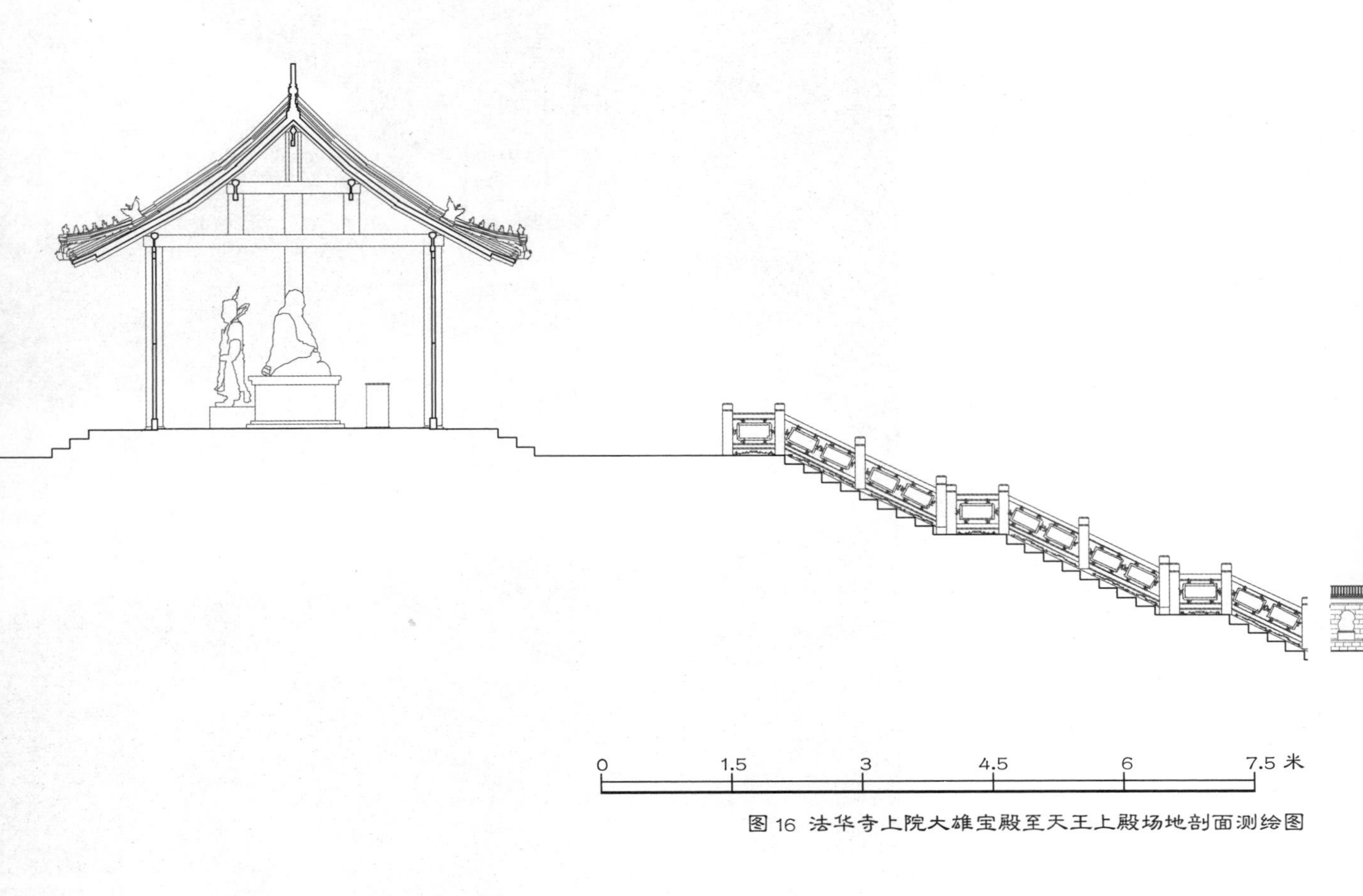

图 16 法华寺上院大雄宝殿至天王上殿场地剖面测绘图

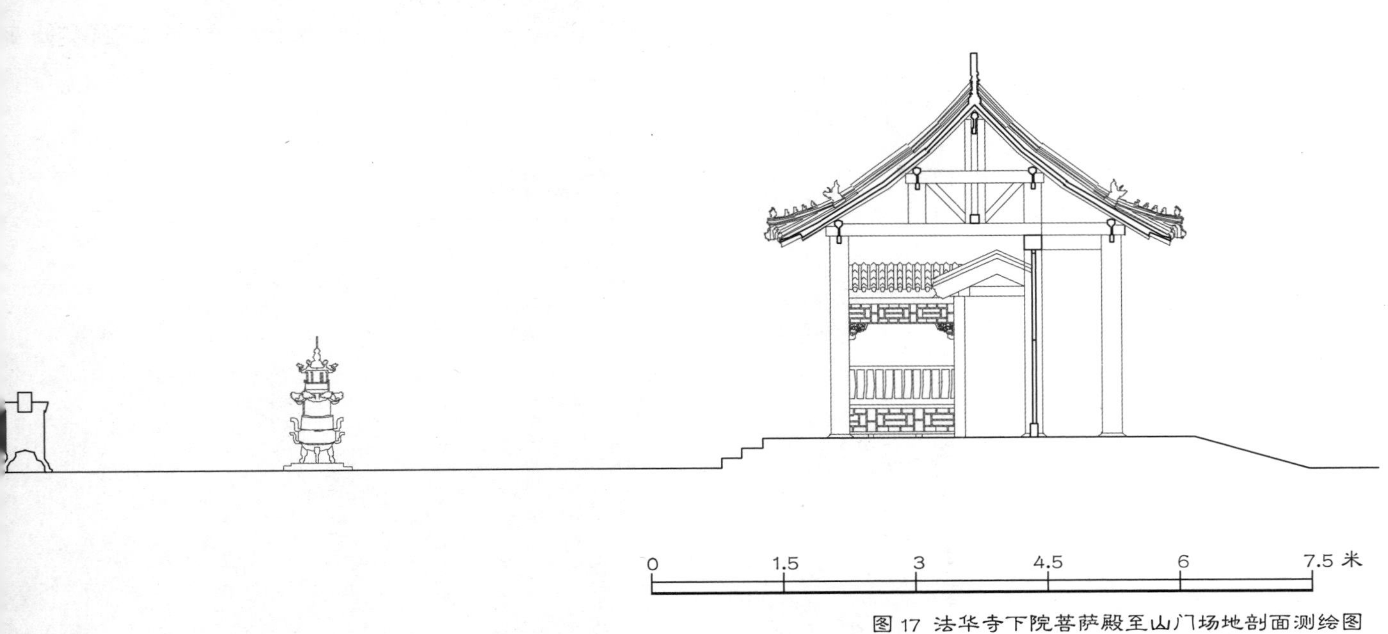

图 17 法华寺下院菩萨殿至山门场地剖面测绘图

下院（图 18）建于明万历四十二年（1614 年），建筑包括寺门、正殿、配殿、耳房等。下院前面为一个十分宽阔的广场，广场边正对寺门处有一香炉，升起袅袅飞烟，显出一派佛门出尘气象。

图 18 法华寺下院景观图

来到法华寺（图 19），首先看到的是三开间屋宇式寺门，灰筒瓦悬山顶，正脊上饰有双龙戏珠浮雕，显得十分简洁朴素。门楣上悬有一方蓝底金字匾额，上书楷书“法华寺”。门下设有门槛。门洞两侧墙体上写有两个金色篆书大字：“吉”“祥”。寺门外东、西各置石狮一只，石狮下为须弥座。寺门两侧外墙为花岗岩方砖砌筑，上覆筒瓦脊。站在广场上，望向寺门，由于视野开阔，寺门显得十分古朴庄重。法华寺上院剖面彩色渲染图见图 20。

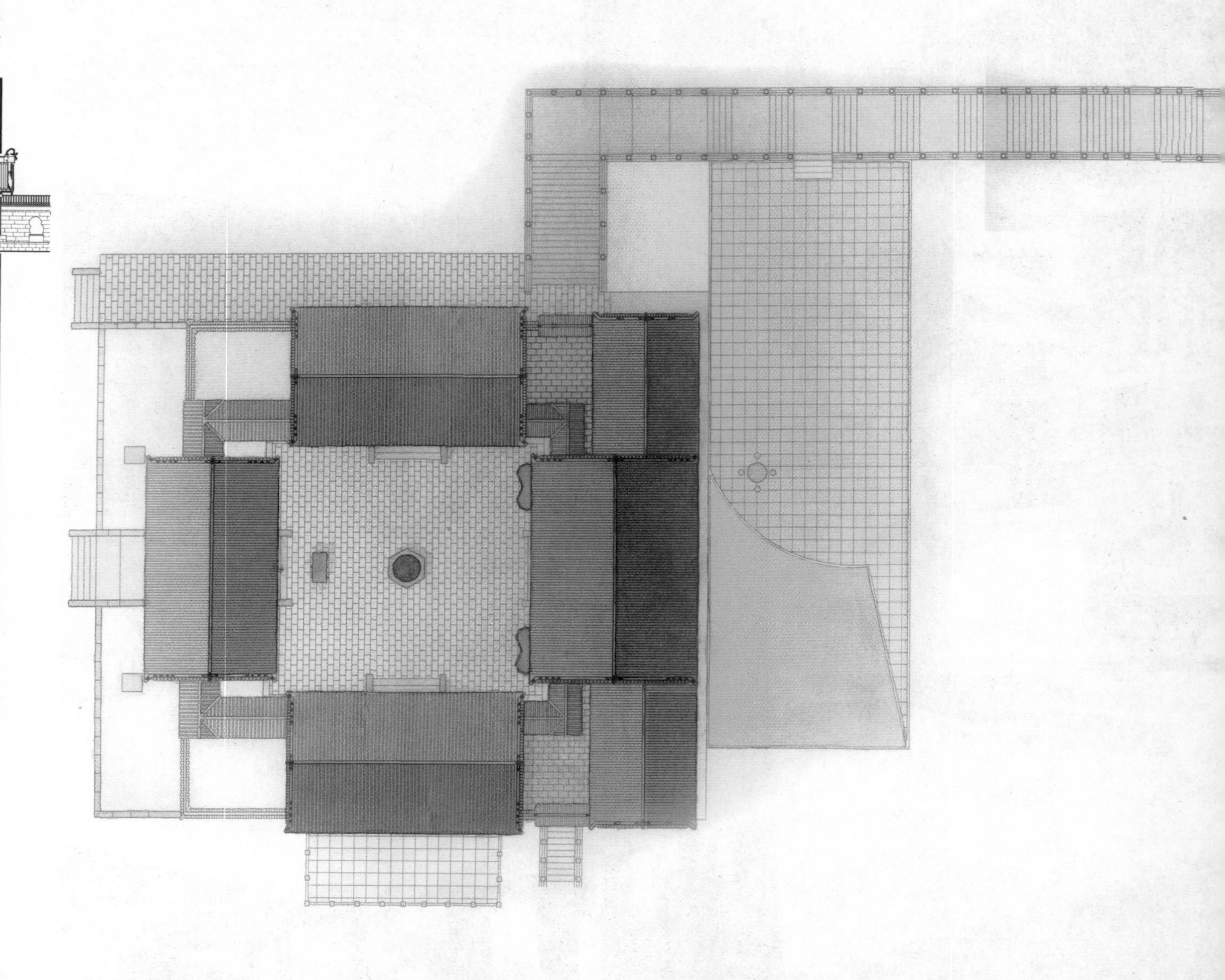

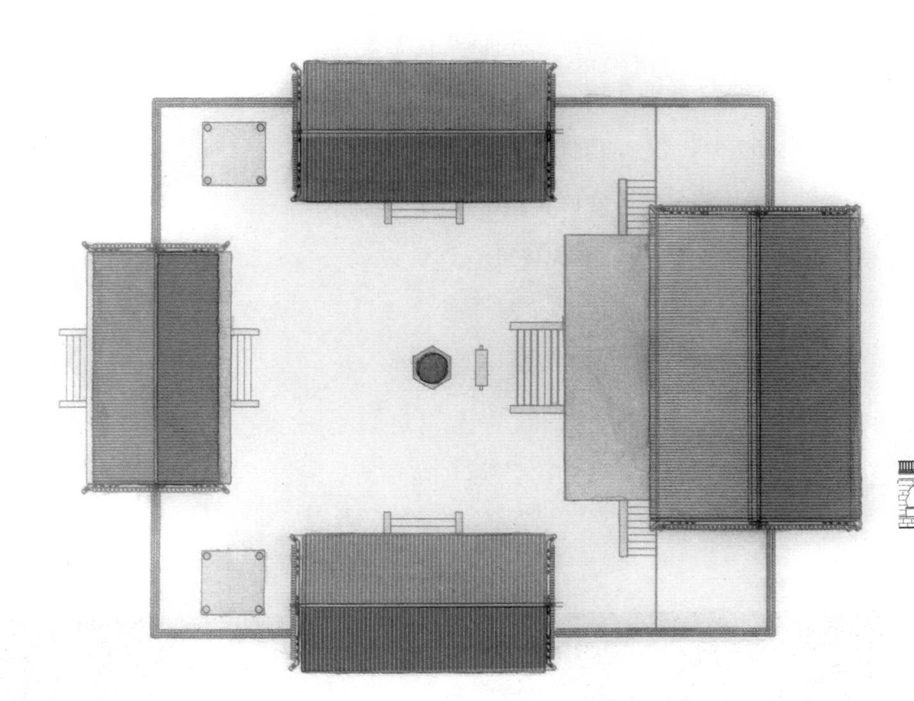

图 19 法华寺总平面彩色渲染图

图 20 法华寺上院剖面彩色渲染图

步入寺内，可以看到这是一个典型的四面围合的院落布局，合院建筑中的庭院四周闭合，可以营造出内部良好的小气候。露天通透的庭院，通过自然风压得到顺畅的通风，保证了清新的空气质量。法华寺实景图及测绘图见图 21 ～图 26。

整个下院非常规整，院落地面为青砖铺砌，绿化较少，仅有几株芍药；但寺院周边的环境甚佳，下院大部分隐藏在一片葱郁的林木之间，清幽宜人，立面造型简洁古朴。

图 21 法华寺菩萨殿入口

图 22 从法华寺前广场眺望山门

祥

祥

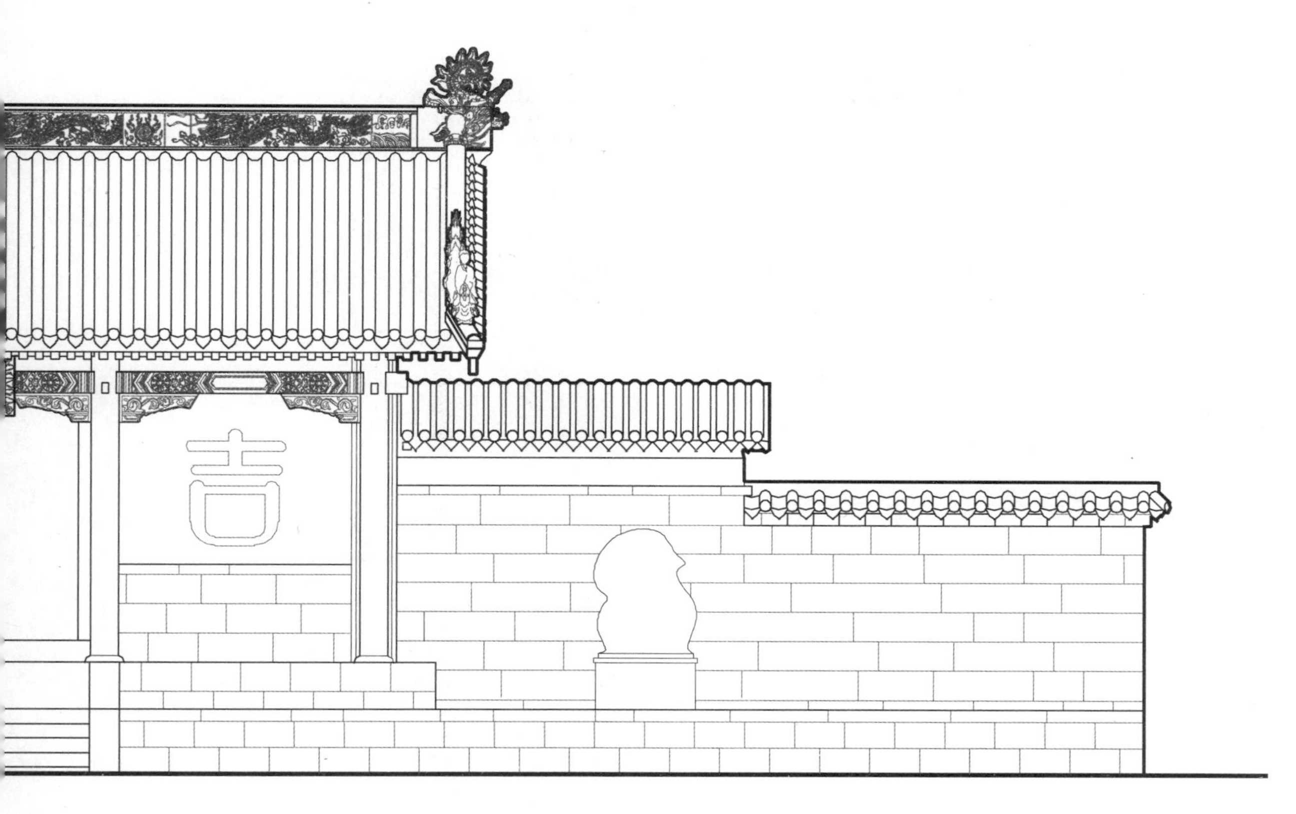

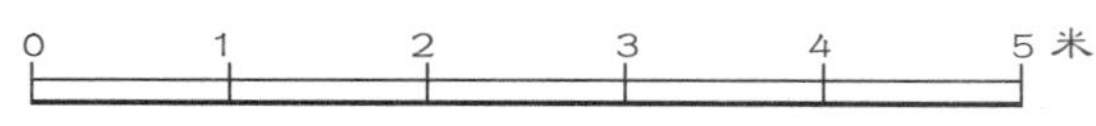

图 23 法华寺山门南立面测绘图

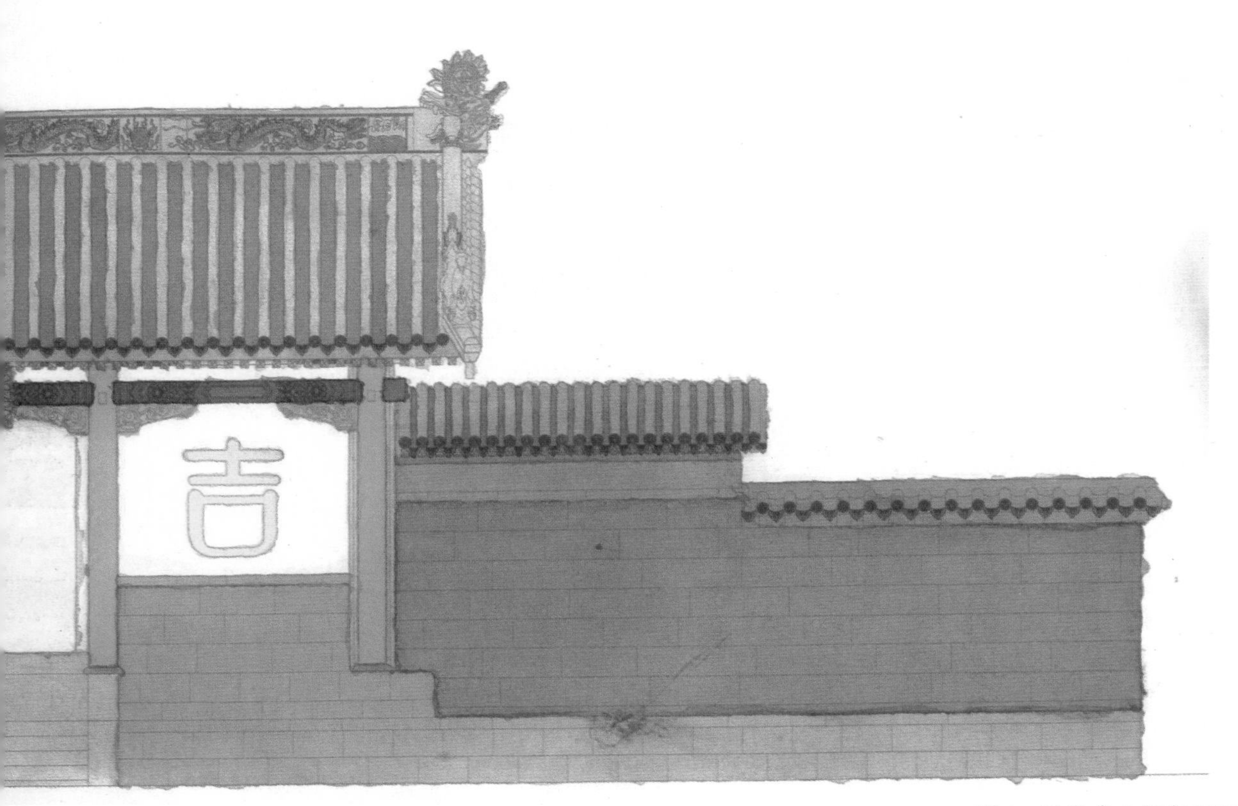

图 24 法华寺山门南立面彩色渲染图

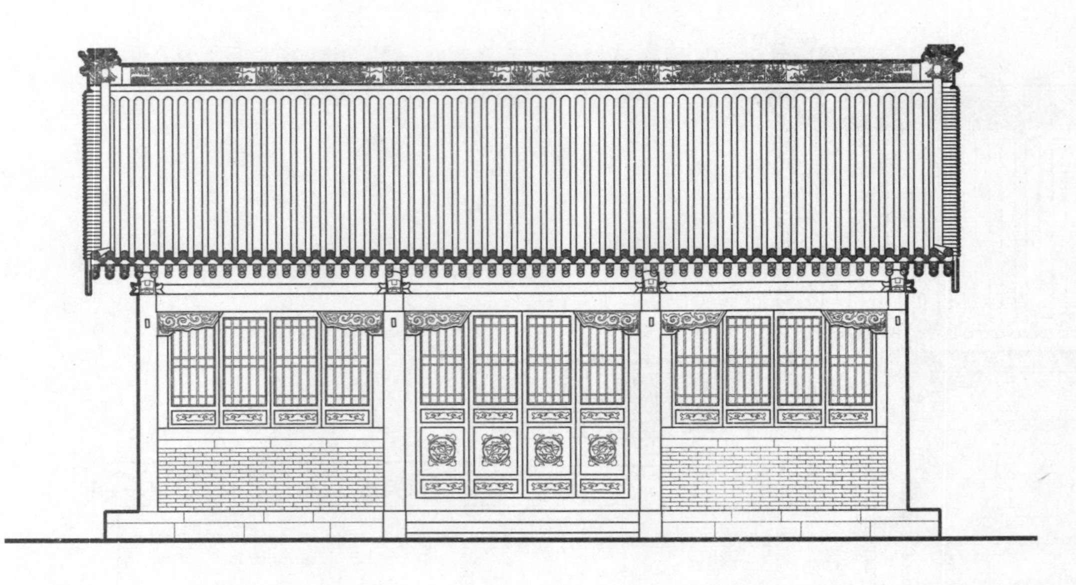

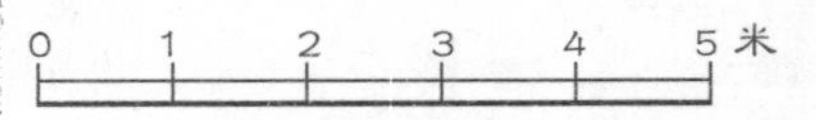

图 25 法华寺菩萨殿（下院）南立面测绘图

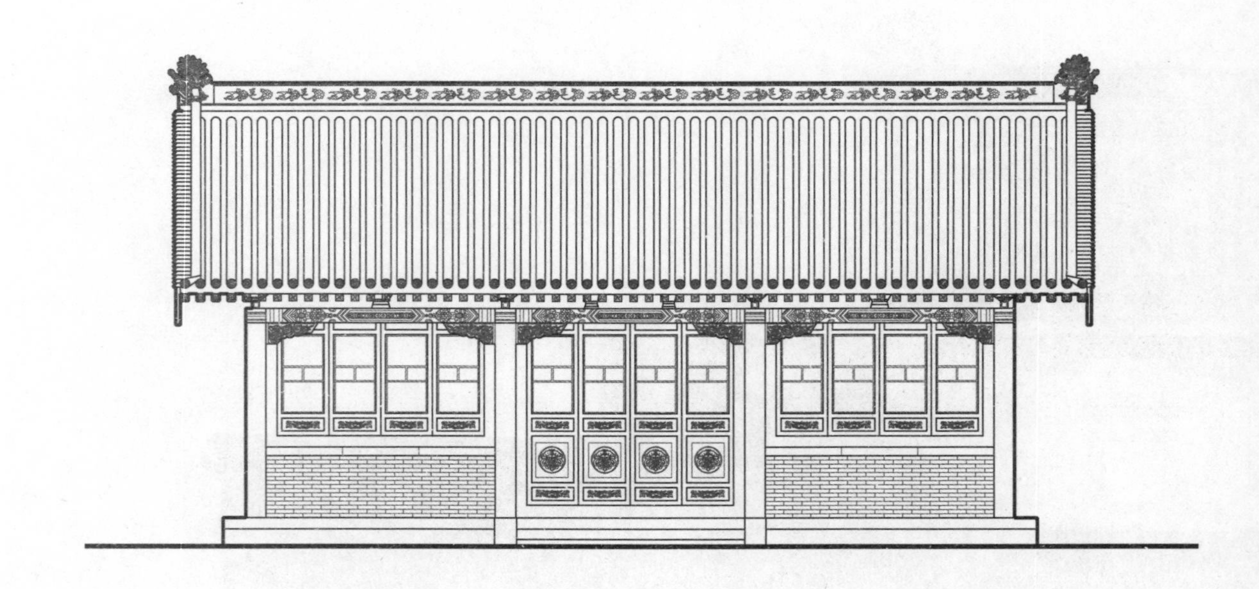

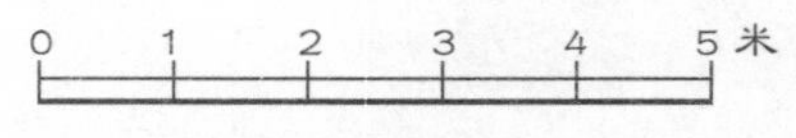

图 26 法华寺乳母殿南立面测绘图

正房两侧为耳房（图27），格局很小，里面供奉的是关帝及哼哈二将。两侧耳房旁边各开有一垂花门式角门。

院落的正中为一个铸铁香炉（图28），从法华寺下院的各殿的奉祀上看，体现了北方寺庙多元宗教混合祀的特点。复杂的屋脊造型，色彩斑斓的立面，无不给人留下深刻的印象（图29～图33）。

图27 法华寺菩萨殿（下院）旁耳房入口

图28 法华寺菩萨殿前（下院）香炉

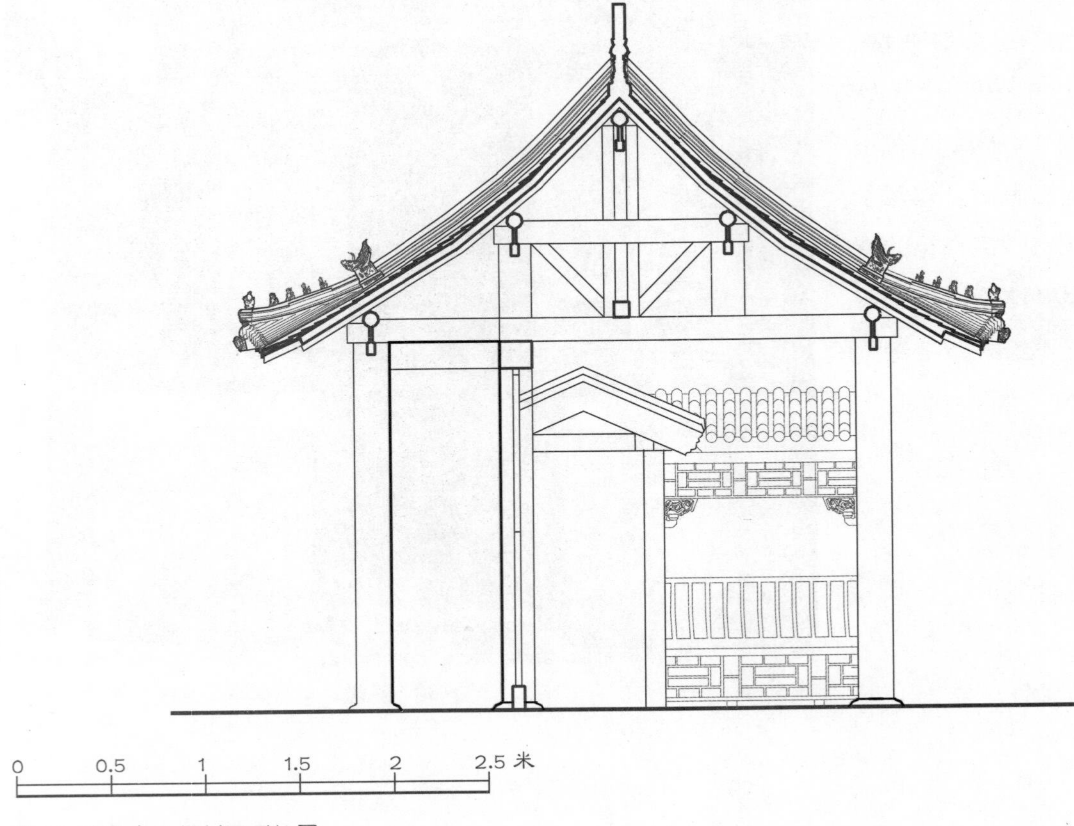

图 29 法华寺山门剖面测绘图

图 30 法华寺 山下侧殿正立面彩色渲染图

图 31 法华寺菩萨殿（下院）剖面测绘图

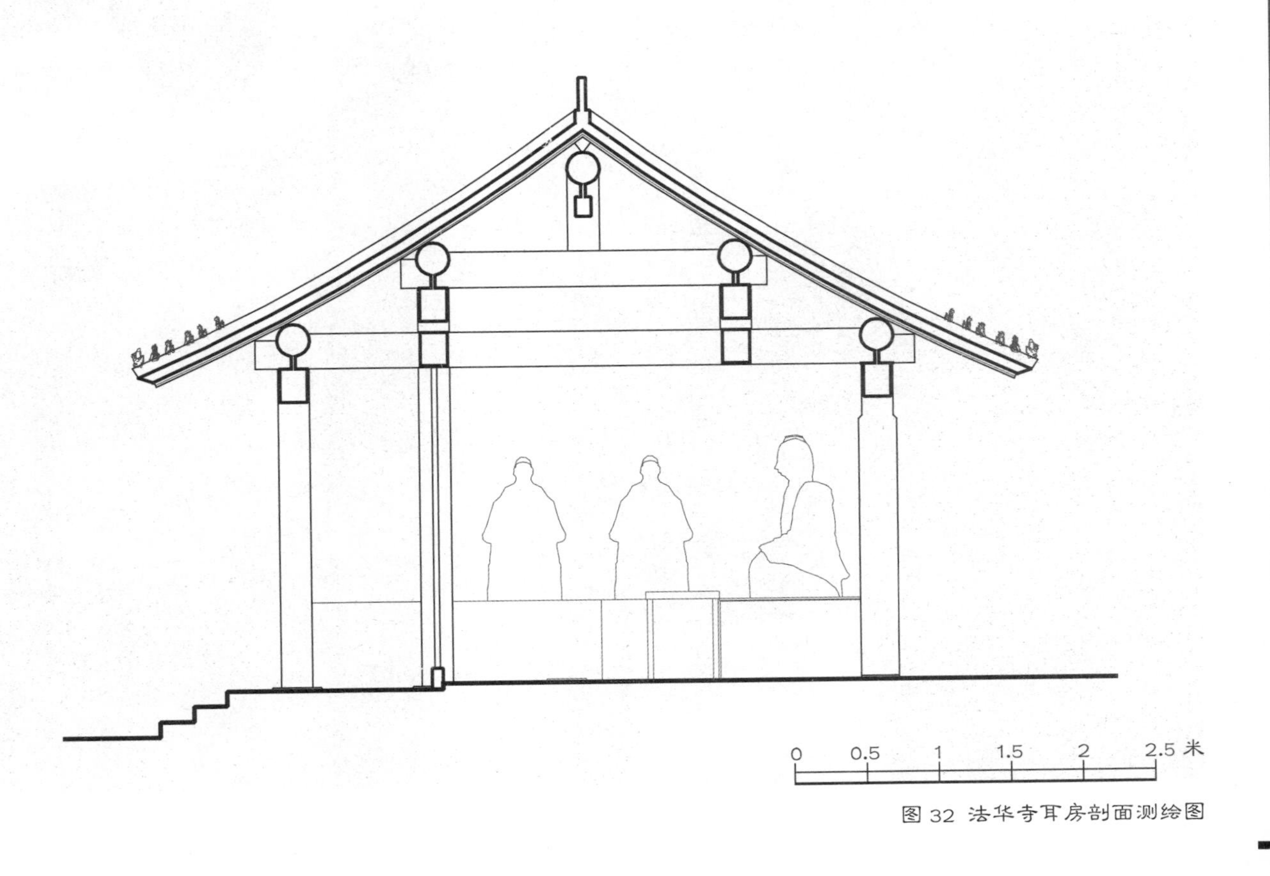

图 32 法华寺耳房剖面测绘图

图 33 法华寺两殿屋脊特写

民国八年的上院

垂花门（图34）为单檐悬山筒瓦顶，上檐柱不落地，垂吊在屋檐下，称为垂柱，其下有一垂珠，通常彩绘为花瓣的形式，垂花门由此得名。

檐下额枋为苏式彩画中的包袱画牡丹，清新典雅，画工精湛。垂珠上为黄、白、蓝、红六边形色块，看起来十分绚丽别致。中间为两扇暗红色木门，门扉左右各有一个金色铺首，门的外侧门槛两旁设有抱鼓石，样式古朴典雅。

出下院的左侧角门，迎面是一道甚长甚陡的花岗岩垂带式石阶（图35）。石阶设有栏杆，望柱头为十二面体，最下面一根望柱前端置有抱鼓石，整个石阶没有特别的雕饰，十分简洁。沿石阶拾级而上，便可到达法华寺上院。

图34 法华寺上院垂花门

图35 法华寺下院通往上院花岗岩垂带式台阶

法华寺上院也是一个四面围合的院落，平面十分规整（图 36）。正面为屋宇式大门，也作为大殿使用，正面供奉弥勒佛，背面供奉天王，灰筒瓦悬山顶。正面和背面门楣上各悬有一蓝底金字大篆书匾额，正面匾额上书“法华上寺”，背面匾额上书“天王上殿”。门两侧立柱有楹联，门口前出四级垂带式石阶（图 37），正门两侧设有垂花门。法华寺法华上寺殿的详细测绘图见图 38 ～图 42。

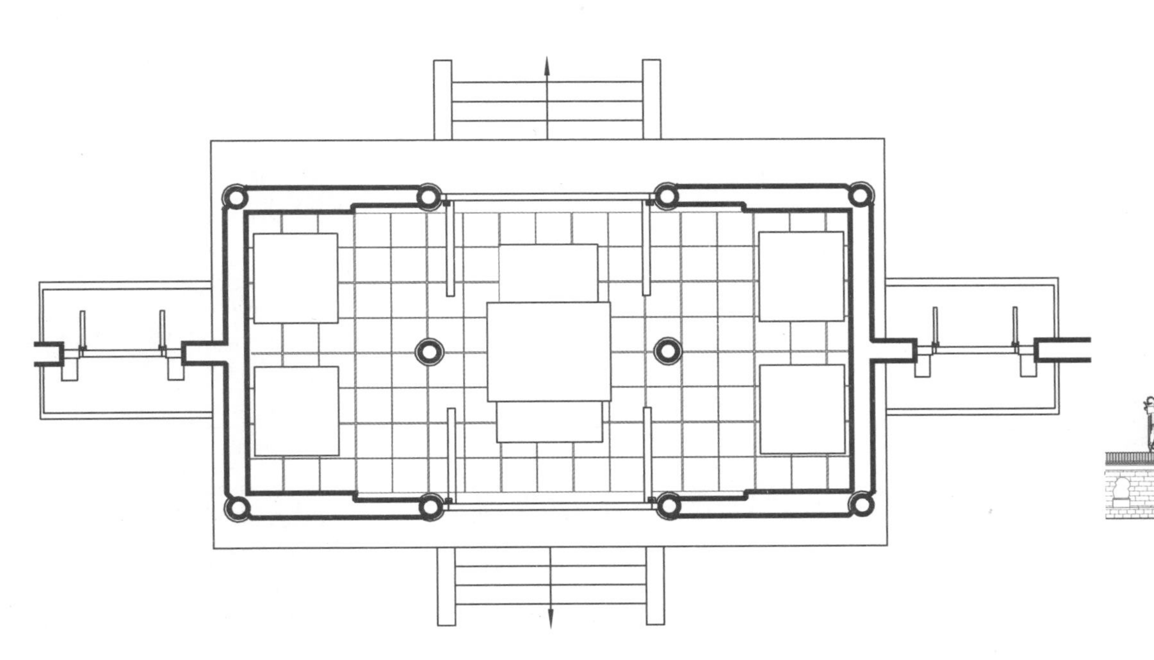

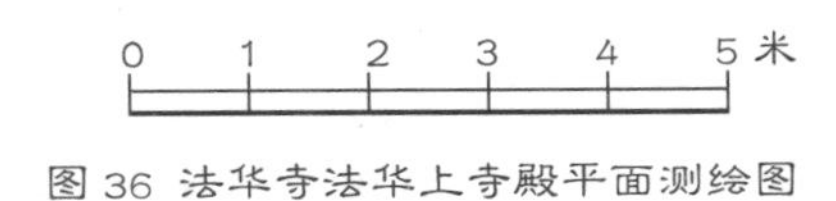

图 36 法华寺法华上寺殿平面测绘图

图 37 从法华寺上院花岗岩台阶前看向法华上寺殿

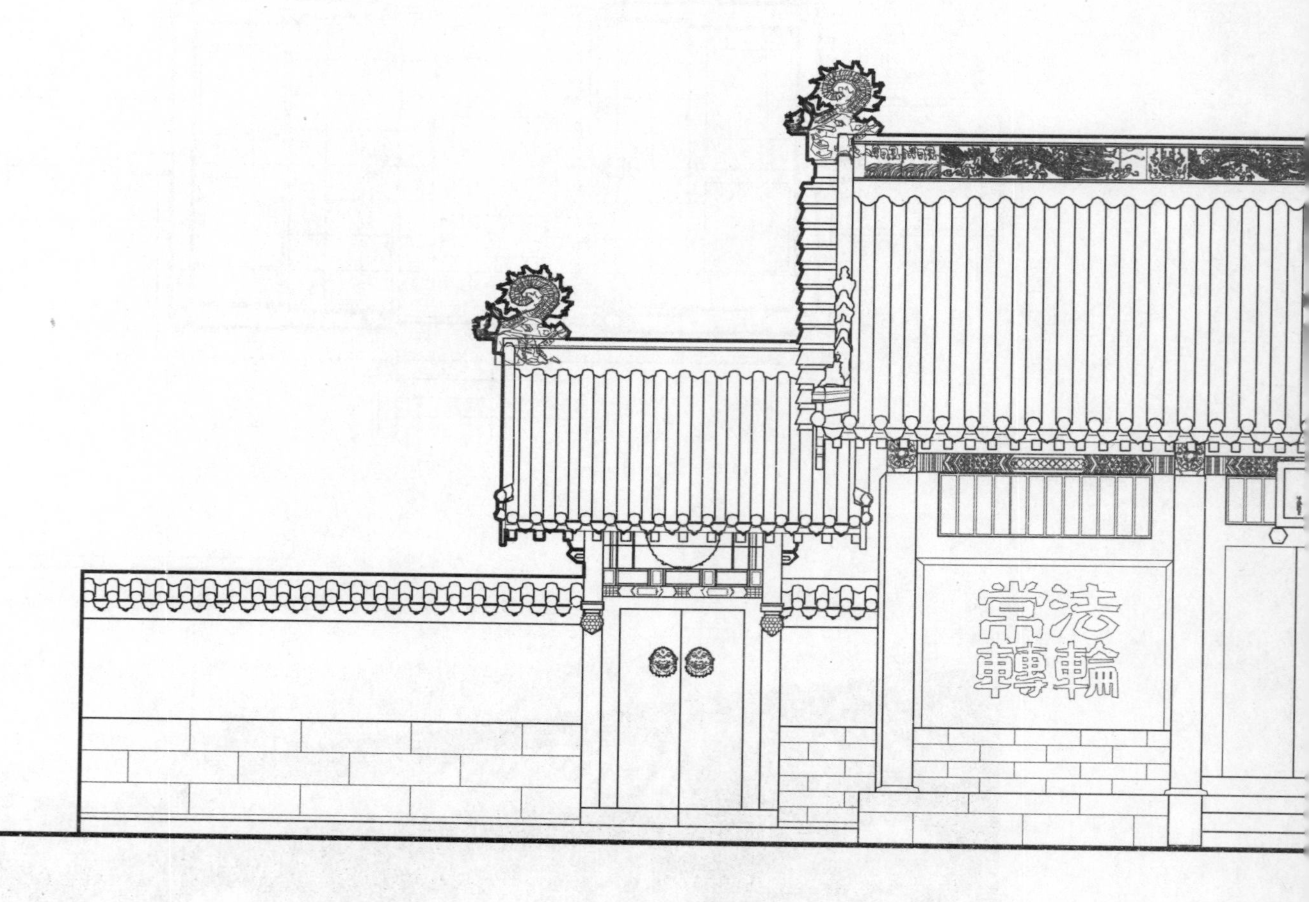
法輪常轉

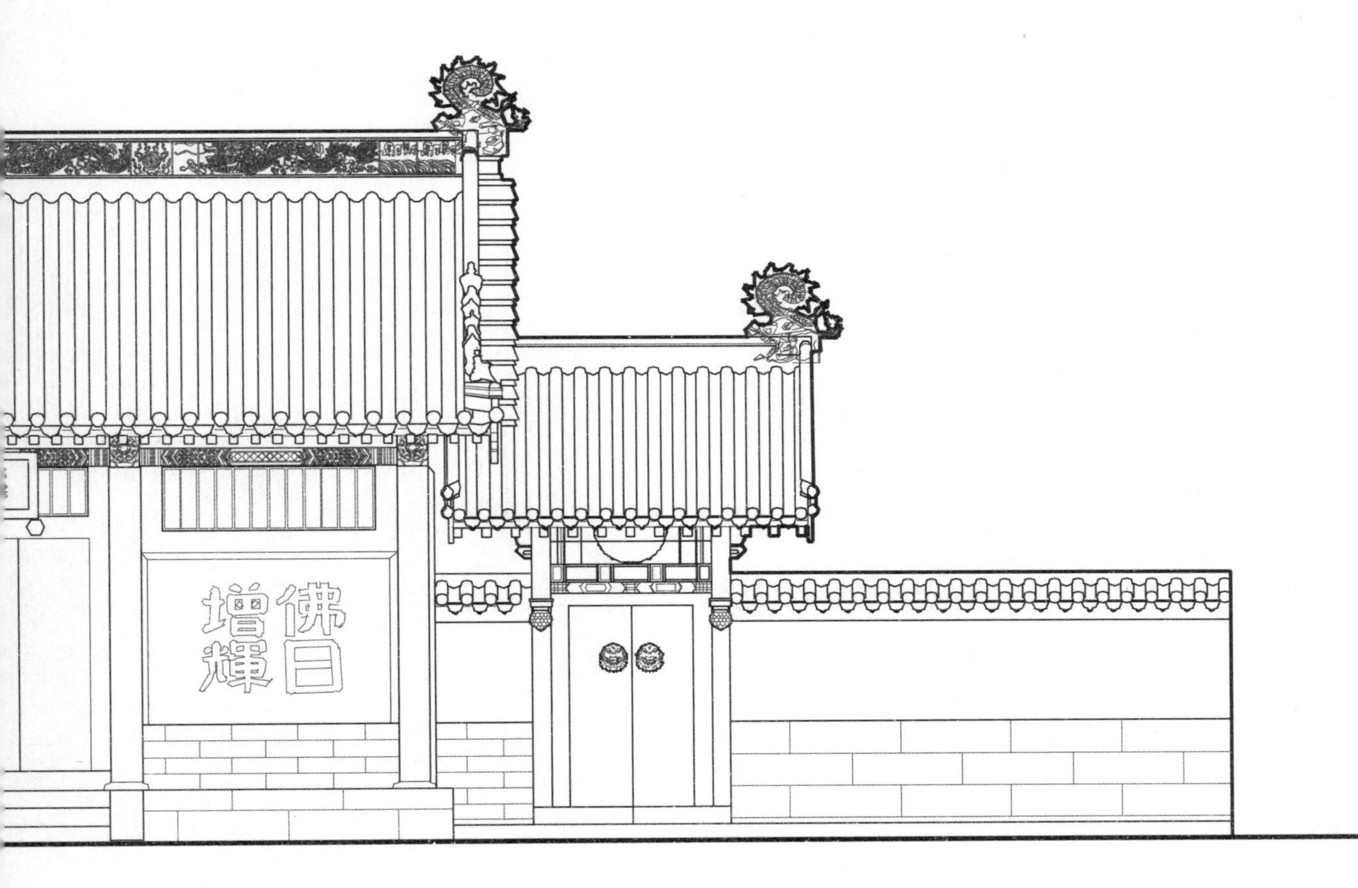

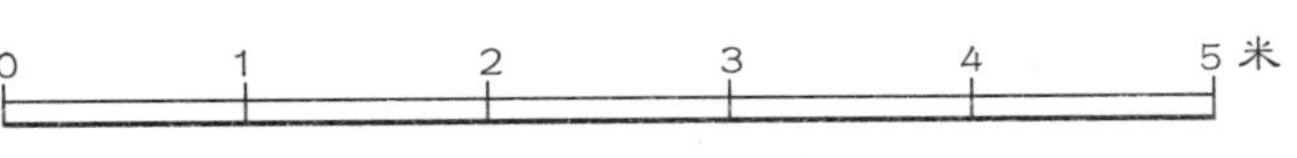

图 38 法华寺法华上寺殿南立面测绘图

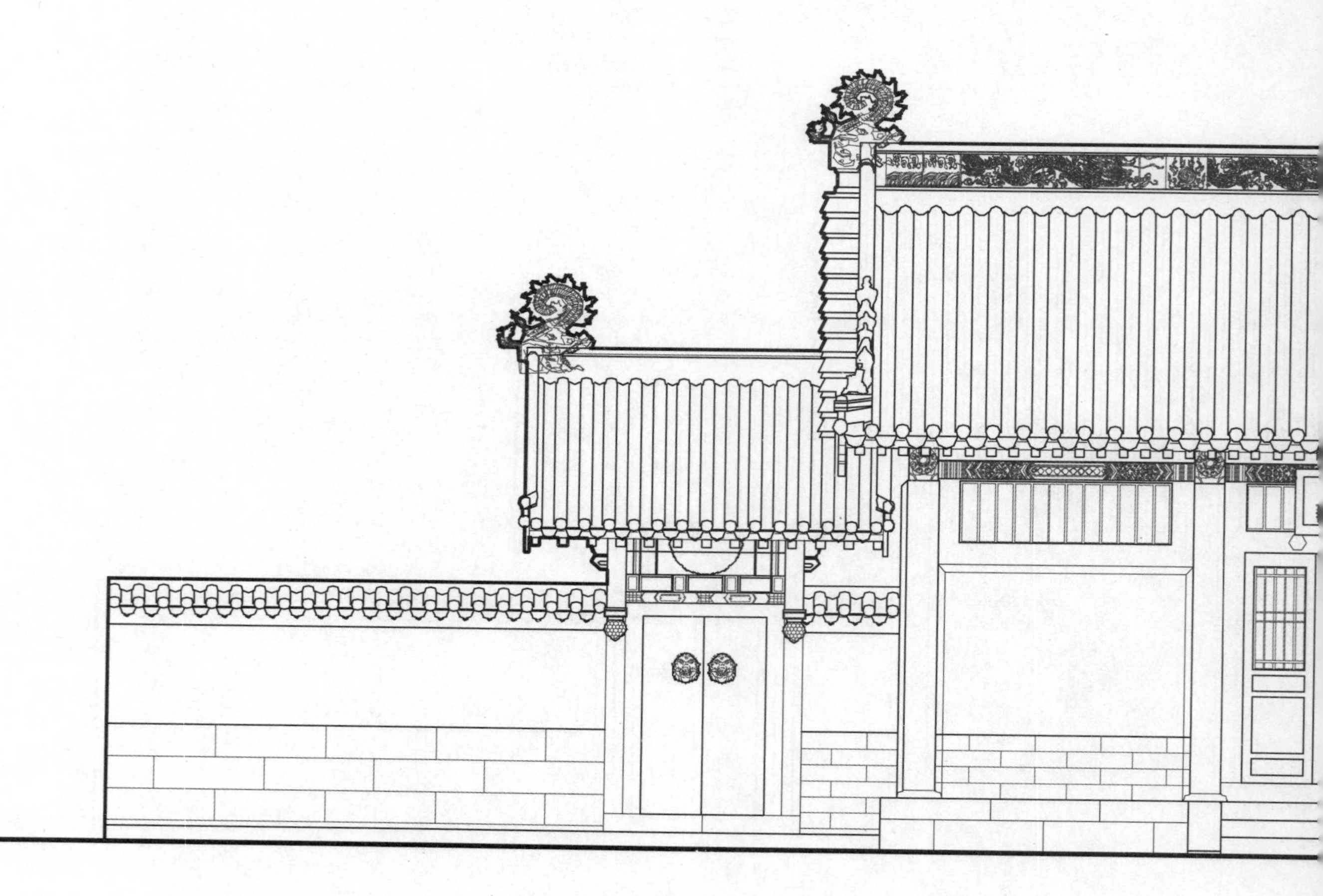

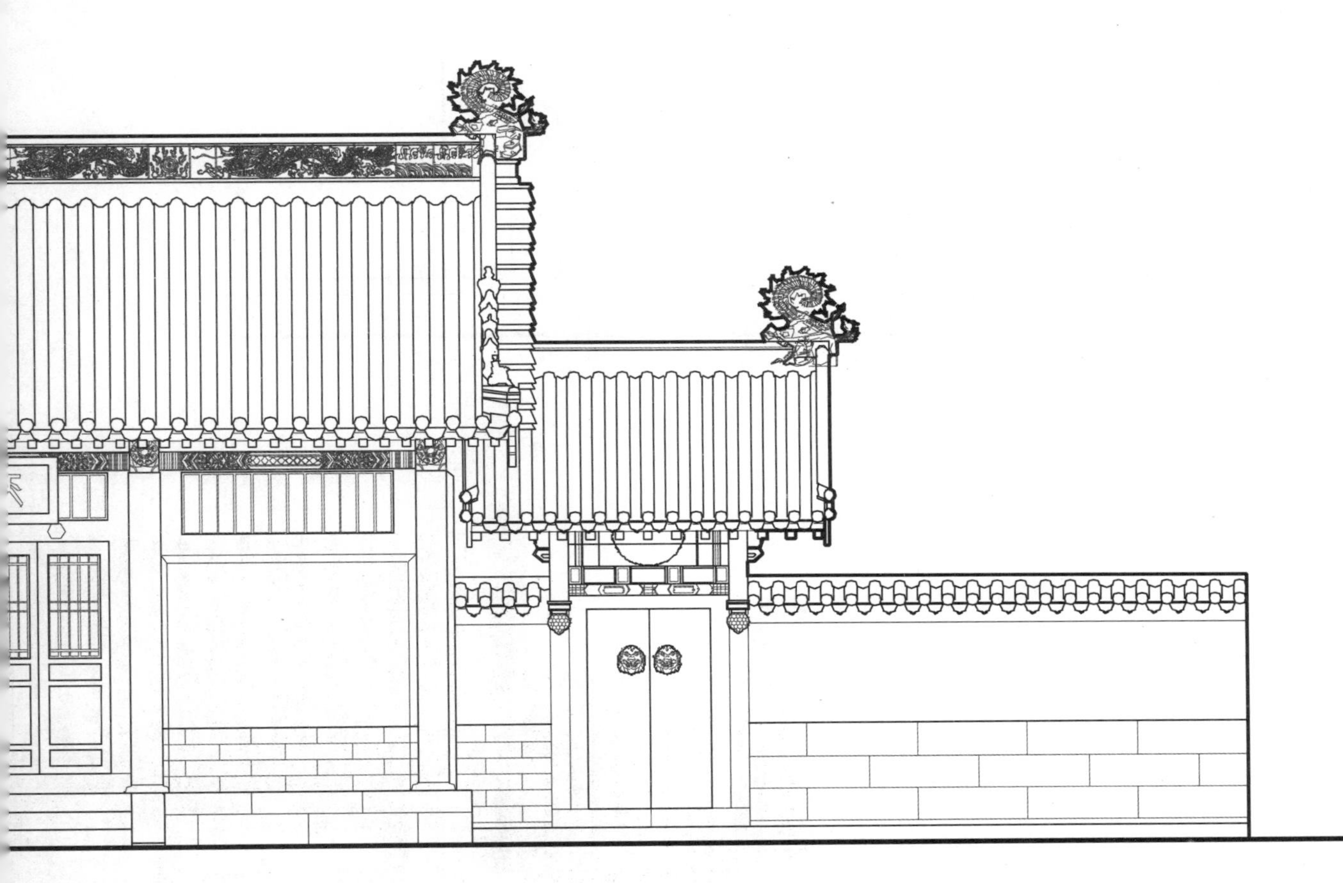

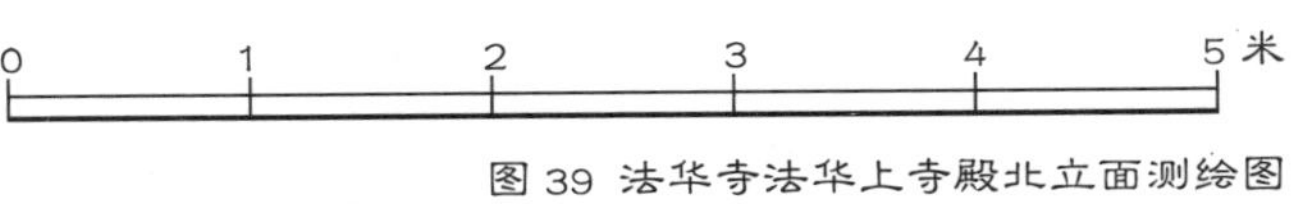

图 39 法华寺法华上寺殿北立面测绘图

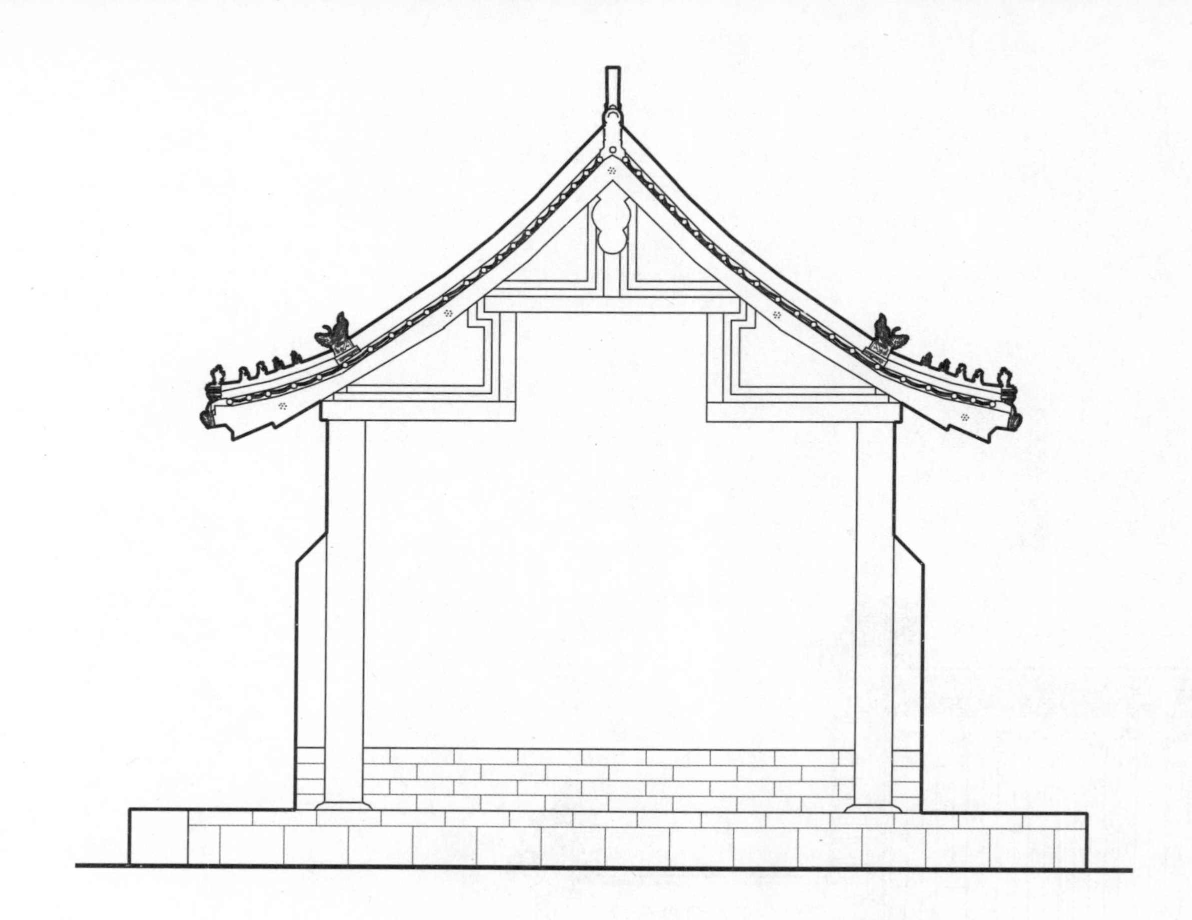

图 40 法华寺法华上寺殿侧立面测绘图

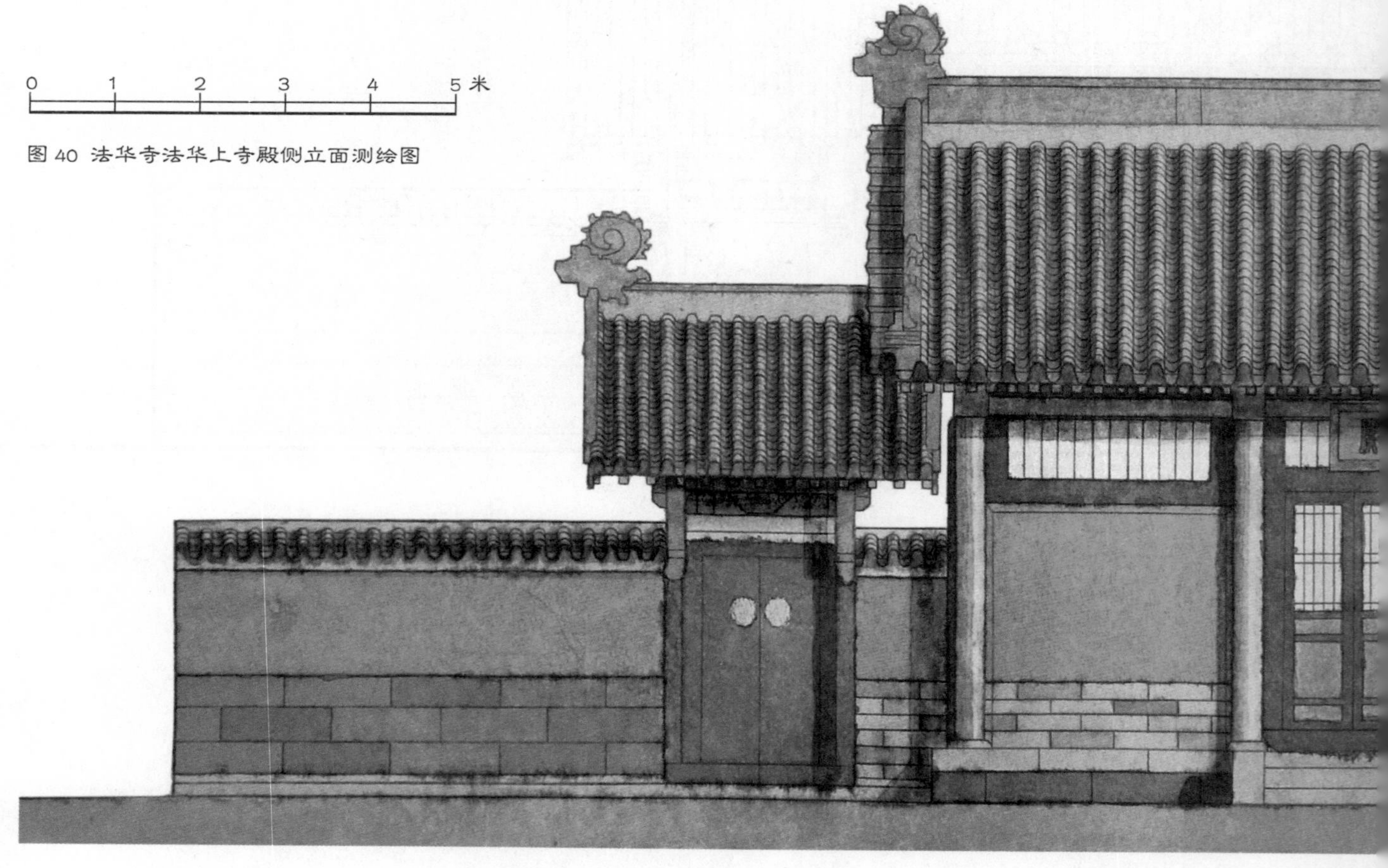

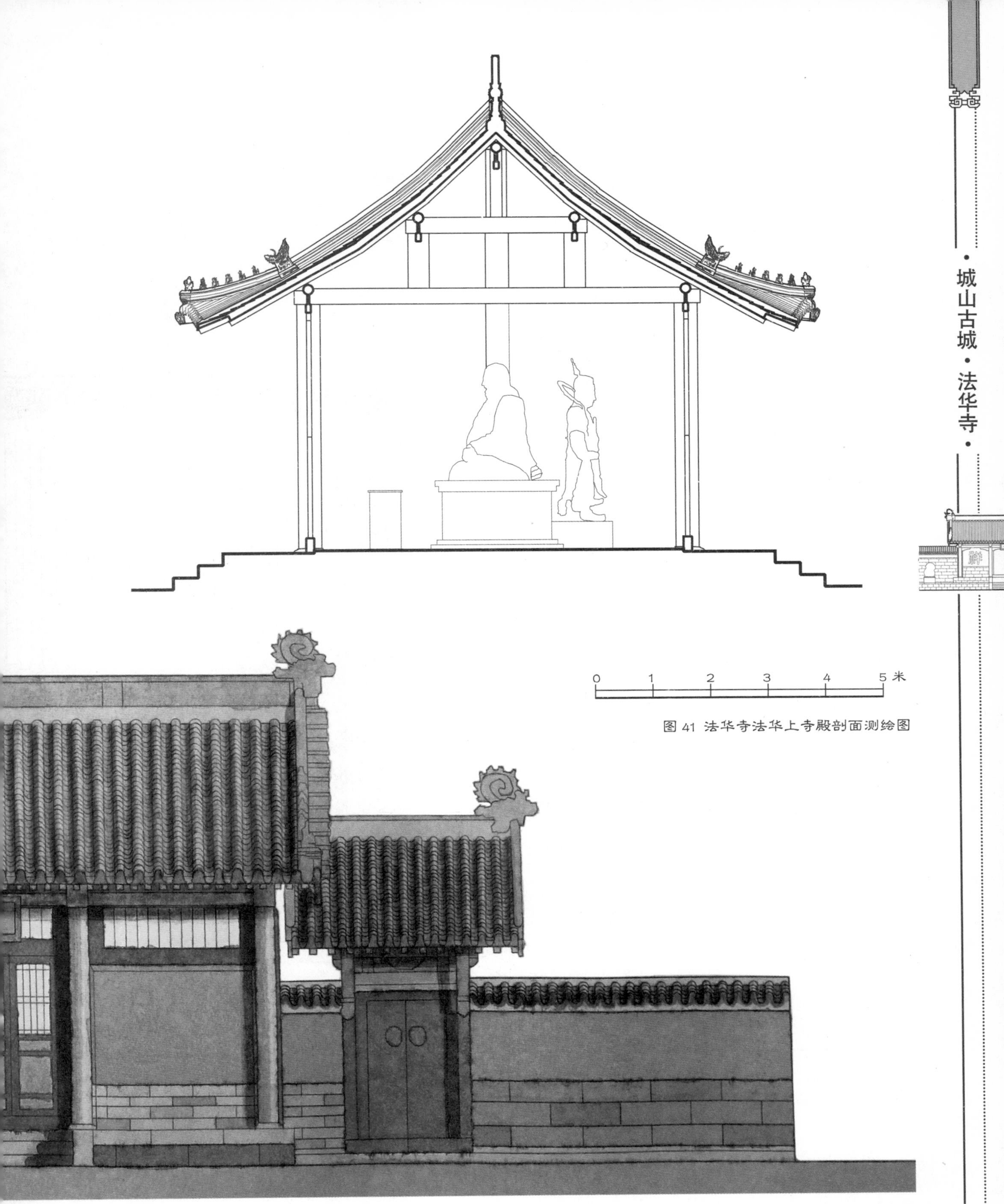

图 41 法华寺法华上寺殿剖面测绘图

图 42 法华寺法华上寺殿彩色渲染图

院内左侧厢房为出售香烛法物之处，右侧厢房为菩萨殿，正殿为大雄宝殿，建于台基之上，明间和殿前台基左右两侧分别前出八级垂带石阶。菩萨殿和大雄宝殿的测绘详图、渲染图及实景图片见图 43 ～图 49。

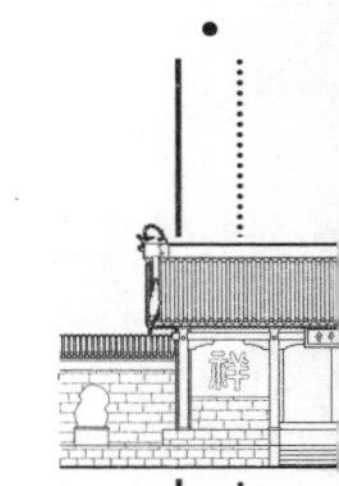

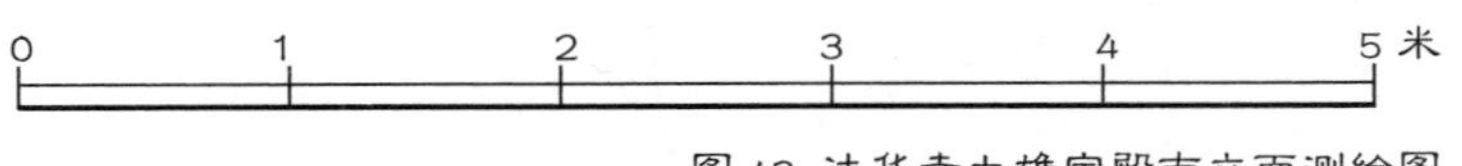

图 43 法华寺大雄宝殿南立面测绘图

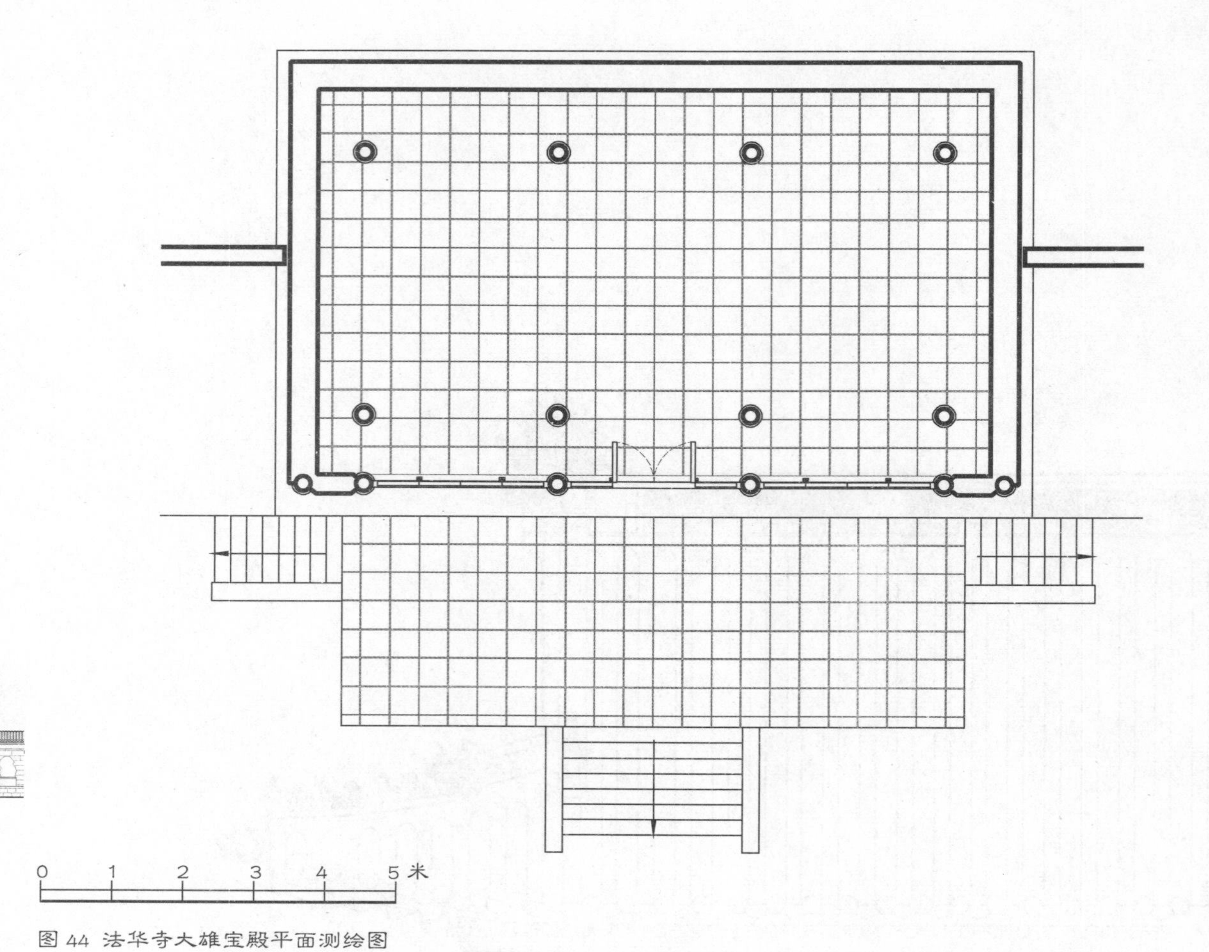

图 44 法华寺大雄宝殿平面测绘图

图 45 从法华寺上院看向大雄宝殿

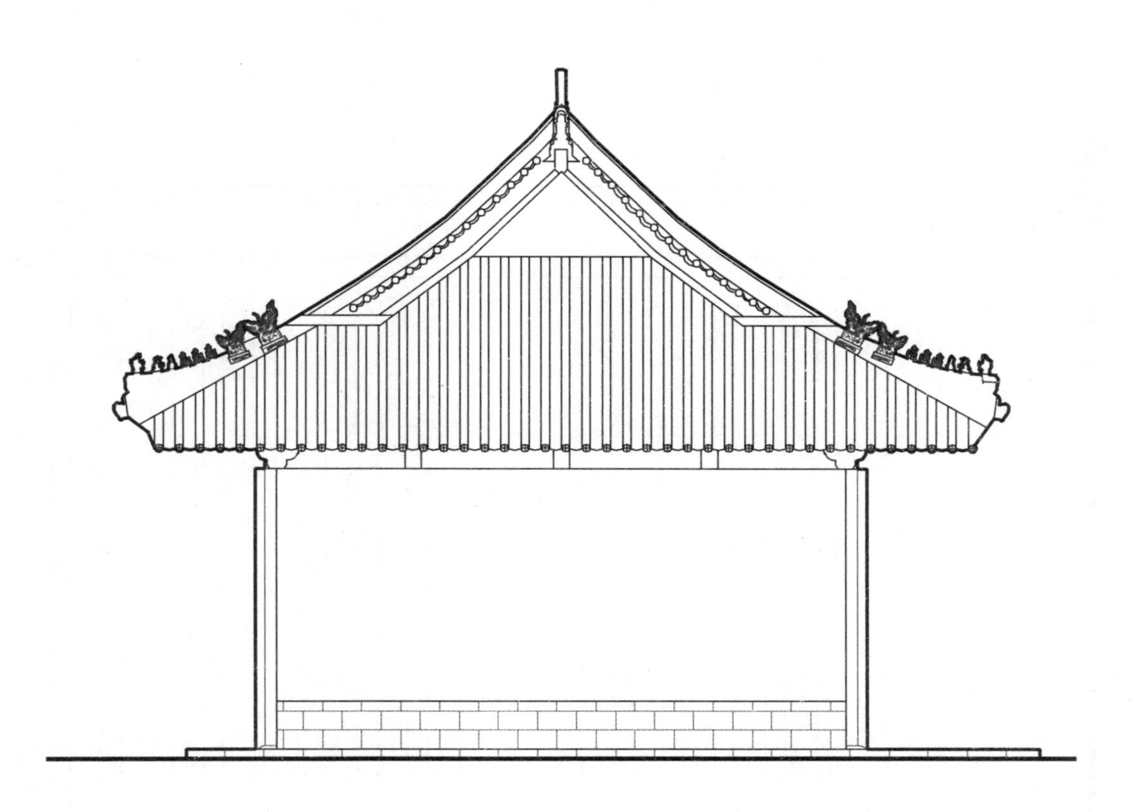

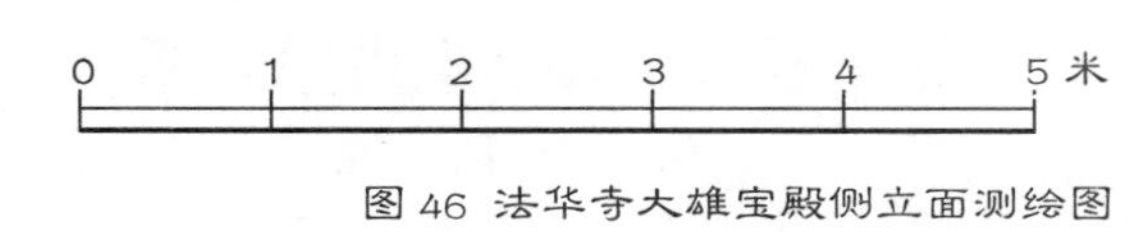

图 46 法华寺大雄宝殿侧立面测绘图

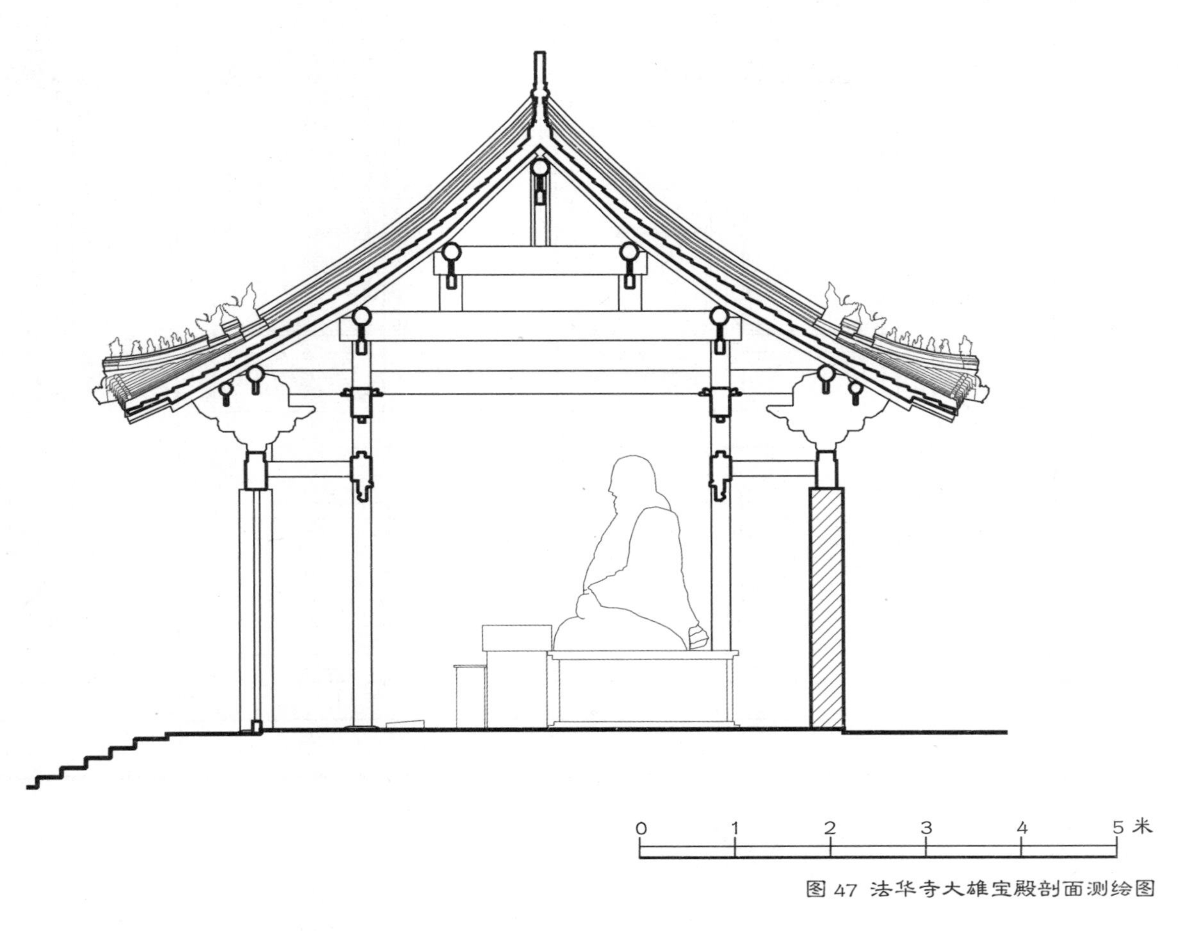

图 47 法华寺大雄宝殿剖面测绘图

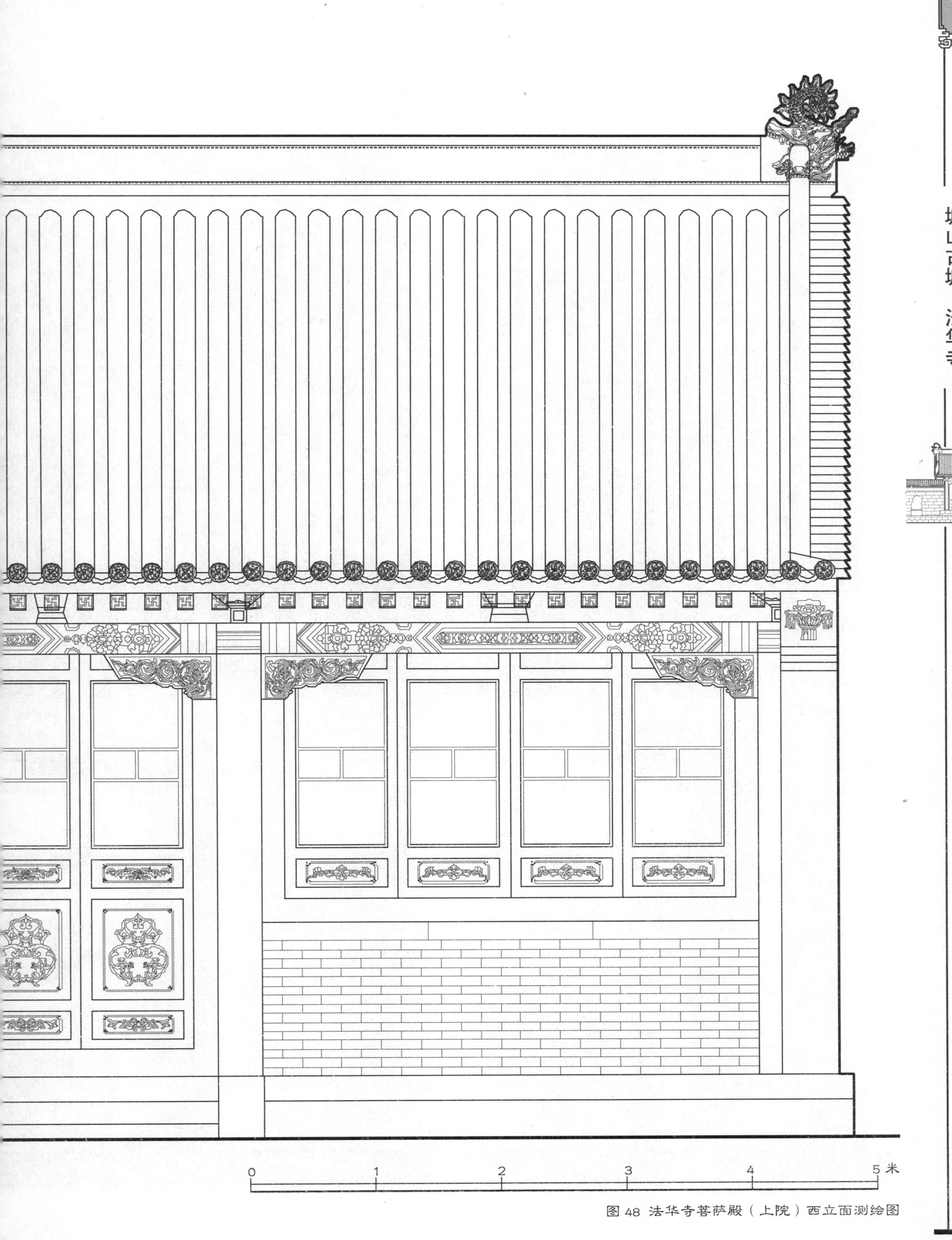

图 48 法华寺菩萨殿（上院）西立面测绘图

图 49 法华寺菩萨殿（上院）西立面彩色渲染图

装饰有悬鱼和惹草的悬山顶

法华寺菩萨殿为悬山顶，也就是两坡顶，屋面挑出两侧山墙，形成屋檐。建筑在最高处形成一条屋脊，上面雕有图案，也称“清水脊”（图50）。屋顶的两侧设有博风板，起防风雪和遮挡桁（檩）头的作用。博风板下，垂于正脊处有一个绘有蓝色波浪纹的木雕构件——悬鱼。悬鱼主要起装饰作用，大多用木板雕刻而成，因为最初为鱼形，并从山面顶端悬垂，所以称为“悬鱼”。

悬鱼两侧博风板边沿，同样绘有蓝色波浪纹样的近似三角形木板称为惹草，绘制或雕刻与水有关的形象，在观念上有防止建筑失火之意。

悬鱼和惹草（图51）使较为单调的博风板看上去充满了灵气。

图50 法华寺悬山顶清水脊

图51 法华寺悬山顶悬鱼和惹草

法华寺各殿屋檐出挑部分可见一红色长条木，叫做望板（图 52），其作用是承托屋面的苫背和瓦作。望板下是密密排列的短条木，称为椽子，椽子垂直安放在檩木之上，随着屋面的坡度而铺设，其作用亦是承托屋面瓦作。

寺内建筑的椽子和望板皆漆为朱红色。在大雄宝殿的正立面中，我们可以看到椽子外端的横断面，即椽头，每层上面绘有不同的彩绘图案，上层椽头上绘有绿底金字“卍”字纹。“卍”字符为佛家的标志，三教合流后，广泛应用在各种传统建筑上。下层椽头则绘有滴水宝珠，又称龙眼宝珠，蓝、绿、白、红各色圈层层相套，以圆顶为公切点。

椽子和望板以及彩画，使单调平淡的檐底更具立体感和视觉美。

图 52 法华寺屋檐下椽子望板

各殿屋顶檐口处的筒瓦一端有一块雕有纹饰的圆形构件，这就是瓦当。它不仅能保护房屋椽子免受风雨侵蚀，又能起美化屋檐的装饰作用。法华寺各殿的瓦当，或为花瓣纹，或为兽面纹、人面纹。

在两个瓦当之间，有一个近似三角形的构件，称为滴水（图 53），顾名思义其主要作用就是使屋面上的水从此处流下。法华寺各殿的滴水上刻有花瓣纹，线条流畅圆润，构图生动。

瓦当和滴水（图 54 ～图 57）的大小不过方寸，造型却如此丰富，用于檐口，不仅可以遮朽，而且具有很好的装饰效果，集实用、美观于一身，富有深刻的文化内涵。

图 53 法华寺瓦当滴水之一

图 54 法华寺天王上殿瓦当滴水

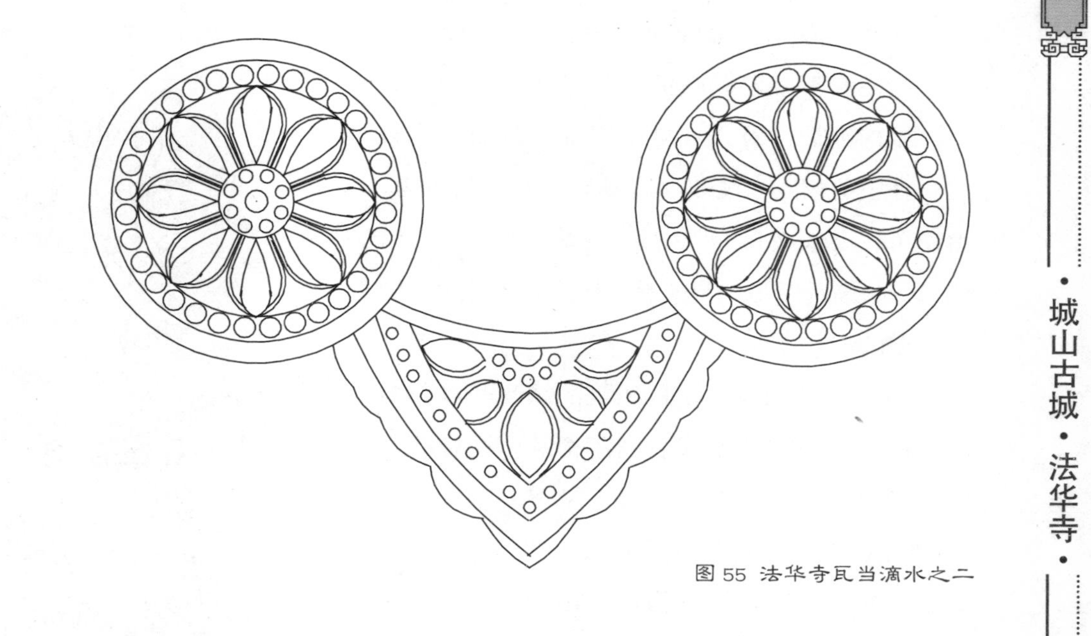

图 55 法华寺瓦当滴水之二

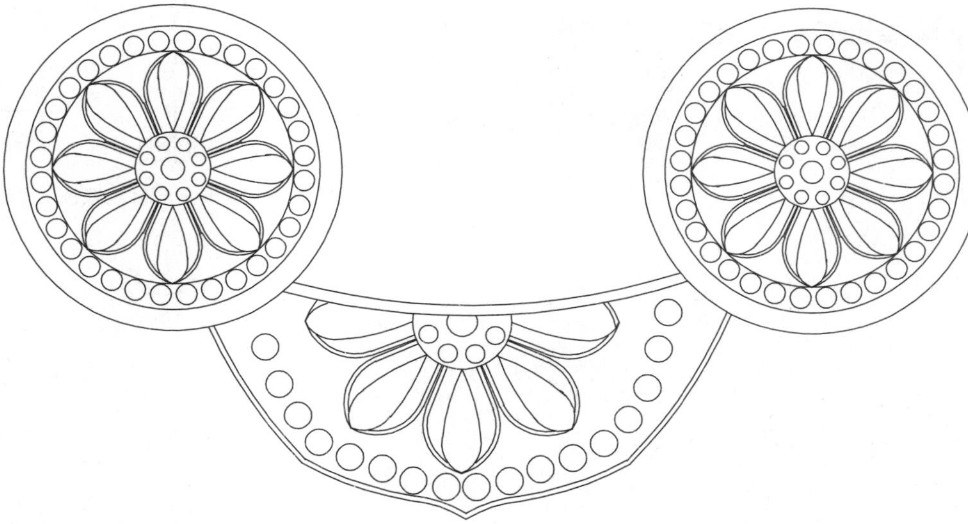

图 56 法华寺瓦当滴水之三

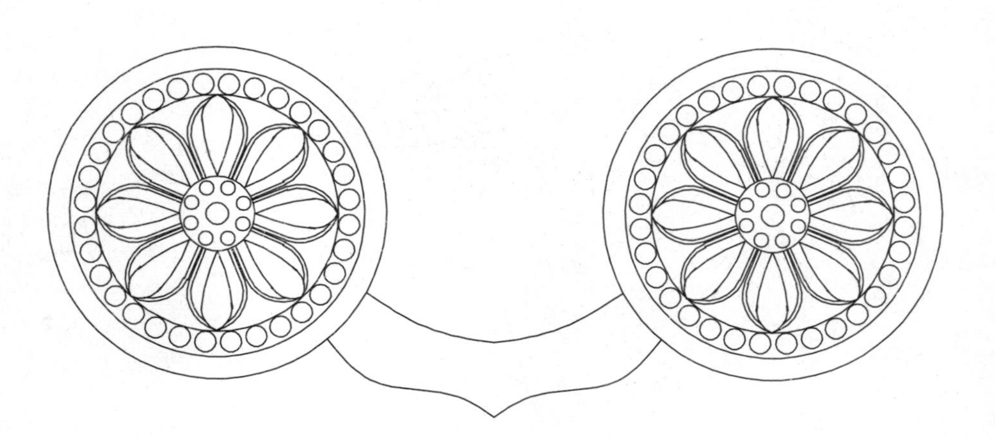

图 57 法华寺瓦当滴水之四

法华寺的寺门和各殿的屋脊上均设有螭吻。寺门和下院菩萨殿的鸱吻做成张口向内吞脊，尾部卷曲，背上插剑；下院两侧厢房均做成向外望的螭吻（图 58）。垂脊上有五只走兽，由檐角往上依次为：仙人骑凤、龙、凤凰、天马、海马，走兽后面是一只垂兽，样式各不相同（图 59 ～图 69）。

当今所见辽南地区古建筑的螭吻基本都是同一样式。但这并不代表当年都是一个样式，包括脊兽盖瓦，其实也有可能是在一个厂家制作的。因为大多数寺庙都是在 20 世纪 80 年代左右复建的，所以这些构件都是固定的，导致我们今天能看到的辽南古建筑，在细节、砖构和彩绘上面十分相似。

图 58 法华寺大雄宝殿螭吻侧立面测绘图

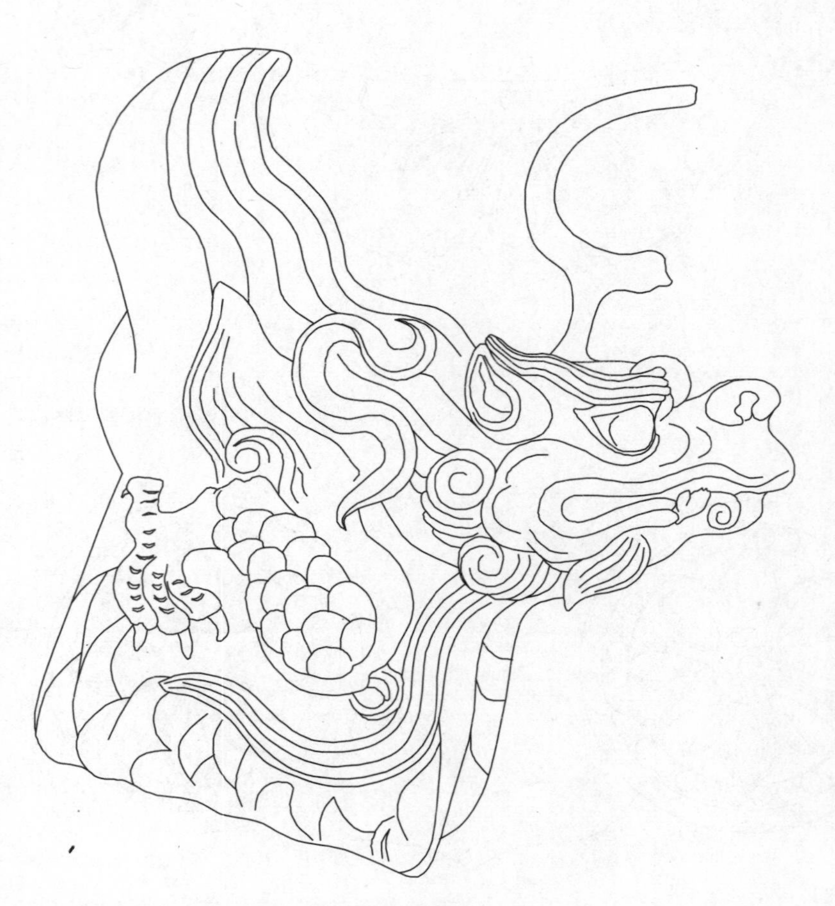

图 59 法华寺大雄宝殿垂脊垂兽侧立面测绘图

图 60 法华寺大雄宝殿垂脊垂兽正立面测绘图

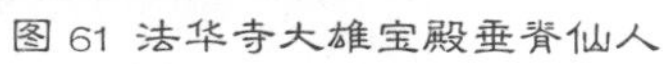

图 61 法华寺大雄宝殿垂脊仙人

图 62 法华寺大雄宝殿螭吻

图 63 法华上寺天王上殿脊兽大样测绘图

图 64 法华上寺天王上殿脊兽测绘图之一

图 65 法华上寺天王上殿脊兽测绘图之二

图 66 法华上寺天王

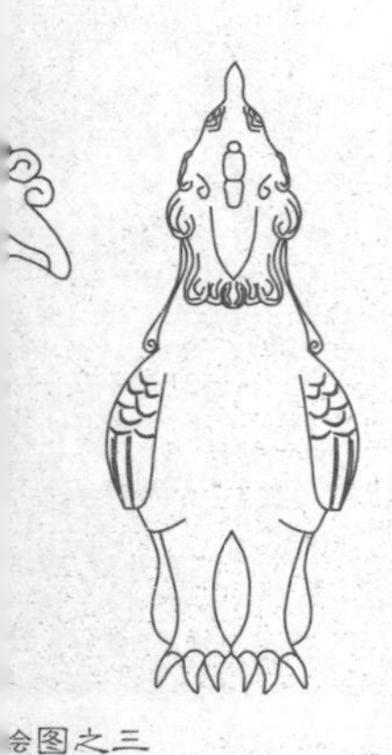

绘图之三

图 67 法华上寺天王上殿脊兽测绘图之四

图 68 法华上寺天王上殿脊兽测绘图之五

图 69 法华寺大雄宝殿垂脊走兽

法华寺的建筑屋顶部分主要属于瓦作。铺装材料防水效果很好，建筑的屋顶上出现多种动物图案。瓦作的制作十分精良，显示出很高的水准（图70、图71）。一排排瓦垄自上而下，颇具有律动感。法华寺内各殿屋脊（图72～图74）装饰显得简洁素雅。

图71 法华寺大雄宝殿屋顶瓦作测绘图

图 70 法华寺大雄宝殿屋脊瓦作

图72 法华寺菩萨殿（上院）屋脊大样测绘图

图 73 法华寺菩萨殿（上院）屋脊大样彩色渲染图

图 74 法华寺屋脊走兽特写

北方传统的抬梁式构架

法华寺建筑的主体完全按照古建筑的作法由木作完成，根据功能的不同分为大木作和小木作两个系统。大木作主要包括柱、梁、枋、檩、椽等构件，承载起房屋的整体结构。小木作包括门窗、天花、室内隔断等。

法华寺内各殿采用北方传统的抬梁式做法（图 75），屋瓦铺于椽上，椽架于檩上，檩承于梁上，梁架承受整个屋顶的重量，再传导到木柱上，这是一种节省室内竖柱的方式。

北方古建筑流行抬梁式构架，可能是因为建筑等级相对比较低，也可能和北方一些特殊的气候因素有关。此外，北方古建筑做法相对简单，开间小进深也不大，所以基本上都采用抬梁式的做法。同样精彩的还有法华寺的垂花门（图 76），其技艺的精湛十分具有观赏性。

图 75 法华寺大雄宝殿抬梁式做法

图 76 法华寺垂花门艺术创作

法华寺各殿的柱枋之间，额枋（图 77、图 78）样式新颖繁复，不同位置的样式也各不相同，可见一造型华丽精巧的木制构件——雀替。雀替是中国古建筑中最具特色的构件之一，其作用是缩短梁枋的净跨度从而增强梁枋的荷载力，减少梁与柱相接处的向下剪力，防止横竖构材间角度的倾斜。后来雀替的装饰作用大大增强，皆精雕细琢，绚丽无比。雀替玲珑精巧，题材多样，内容丰富，构图缜密，雕刻精美，栩栩如生，为大殿增色不少。

法华寺各殿的雀替没有做成常见的近三角形木雕镂空样式，而是一块下部呈波浪状的板，上面绘有草龙纹，十分简洁素雅。

图 77 法华寺乳母殿额枋测绘图

图 78 法华寺山门额枋测绘图

棂花样式各异的隔扇门

法华寺中屋舍大多使用的是隔扇门（图 79 ～图 81），各殿棂花样式各异，上院菩萨殿为“十字”套方纹，大雄宝殿为菱格样式，其他各殿或为一码三箭，或为直棂样式。通透的窗棂与建筑的室内装修连成一体，实现完美统一。

图 79 法华寺菩萨殿隔扇门测绘图

图 80 法华寺菩萨殿隔扇门

图 81 法华寺菩萨殿（上院）隔扇门测绘图

大雄宝殿精致的外檐彩绘

法华寺的大雄宝殿外檐是古建筑中很重要的部分，也因为有了小木作而变得生动精致，且虚实、色彩等变化更为丰富。因为等级限制没有斗拱，但是木工和彩画却十分精美，为北方古建筑的经典之作。外檐彩画做得非常精致，题材多为花卉、山水、二十四孝图等（图82～图87）。殿堂内部的雕像（图88～图90）也是神采奕奕，使得整个大殿内部的色彩感剧增，还有垂花门上精致的雕刻图案加之色彩斑斓的雕像，让我们不禁赞叹古人的精湛技艺。法华寺法华上寺殿垂花门大样见图91。

图82 法华寺檐下彩绘之一

图83 法华寺檐下彩绘之二

图84 法华寺牌匾彩绘

图 85 法华寺隔扇门彩绘测绘图之一

图 86 法华寺隔扇门彩绘测绘图之二

图 87 法华寺隔扇门彩绘测绘图之三

图 88 法华寺乳母殿乳母塑像

图 89 法华寺法华上寺殿弥勒塑像

图 90 法华寺菩萨殿观音塑像

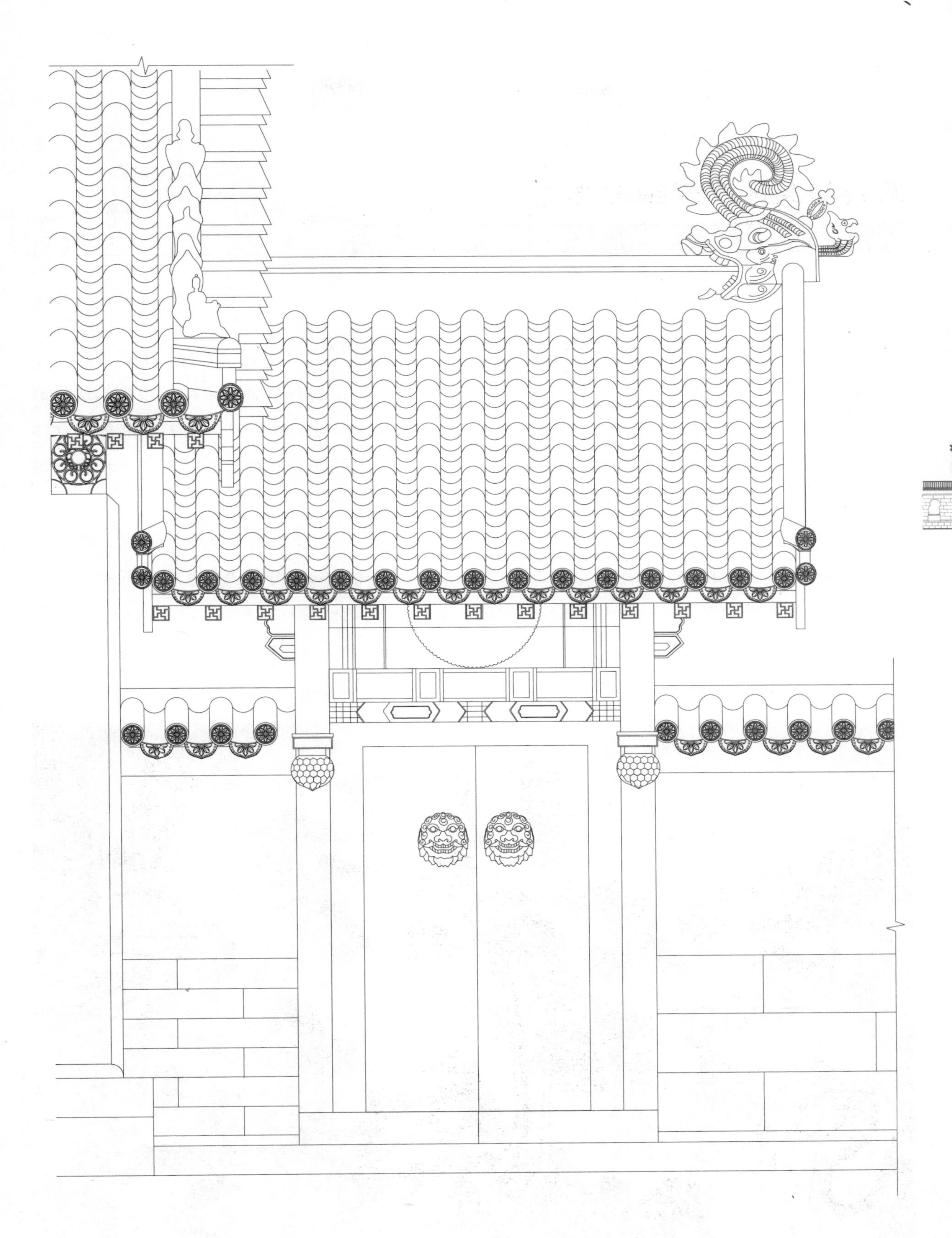

图 91 法华寺法华上寺殿侧面垂花门大样测绘图

复杂精美的建筑细部构件

法华寺中的建筑细部构造十分复杂精美，从以下各个方面均有所体现。

雕饰：法华寺在建筑主体的木、砖、石三种材料的构件上都刻有大量精美的雕饰和图案，大多表现为佛教题材和民间题材，有些石雕还同时具有实用功能。

彩画：彩画既可以防止虫蛀和湿气腐蚀，也可以带来丰富的色彩效果。法华寺彩画以红色为主，辅以绿色、黑色、蓝色，对比强烈。其中绘制大量山水、人物、花鸟等图案，在椽头也多描绘了“石”字、“寿”字、“福”字等图案，局部还有点金效果。各殿内的佛像彩绘同样栩栩如生，有的庄严慈祥，有的亲切活泼，与建筑的色彩和雕饰和谐统一，相得益彰（图 92）。

榫卯：主体大木作均为榫卯结构，“榫”指木构件中凸起部分，“卯”指凹入部分，组合在一起就会严丝合缝，并且可以伸缩，所以在抗风抗震中有极佳的效果。门窗的作法中也多采用榫卯连接，体现了高超灵巧的技艺。

图 92 法华寺菩萨殿彩画

石作：法华寺中很多使用石材的地方，也都经过精心设计，精雕细琢，大气天成。

砖作：法华寺中大量使用了砖作，应用在铺地、砌墙、砖雕、散水、甬路等方面。

法华寺内有数座香炉，分为两类，一类为宝塔式，一类为方鼎式。

上院院内，置两香炉（图93、图94），一为方鼎式香炉，铜皮铸成，双耳上刻有常见的“回”字纹，炉身呈长方形，正中刻有“法华寺”三个字，器形厚重大方；四条三弯腿，肩饰兽头，兽足为足，雕刻精致，形象威猛。另一为宝塔式香炉，炉身下部成三足鼎状，肩饰兽头，兽足为足；上部为重檐六角攒尖顶亭状。

寺外高台上亦有一座宝塔式香炉，两层宝塔的檐角做成龙头形，通体鎏金，十分华丽美观。墙面上有着气势磅礴的文字作为点缀（图95），给整个寺庙增添了更浓厚的历史感。

图93 法华寺香炉之一

图94 法华寺香炉之二

图 95 法华寺法华上寺殿外墙面

上院院落两侧分别建有钟楼和鼓楼（图 96）。钟鼓楼为重檐四角石亭样式，通体花岗岩所制，古朴厚重。钟楼内挂有一口大钟，造型端正优美。远看寺院，仿佛置于世外桃源之中（图 97），近看建筑的细部构造（图 98）更是美轮美奂，不由得让人大加赞赏古人诗意般的艺术情怀。

图 96 法华寺上院内石作钟鼓楼

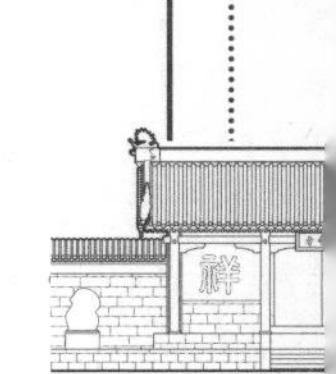

图 97 法华寺山门南立面艺术创作

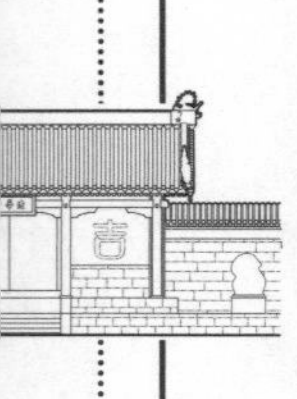

图 98 法华寺屋顶瓦当滴水细部构造

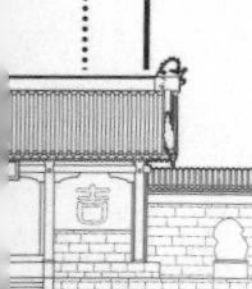

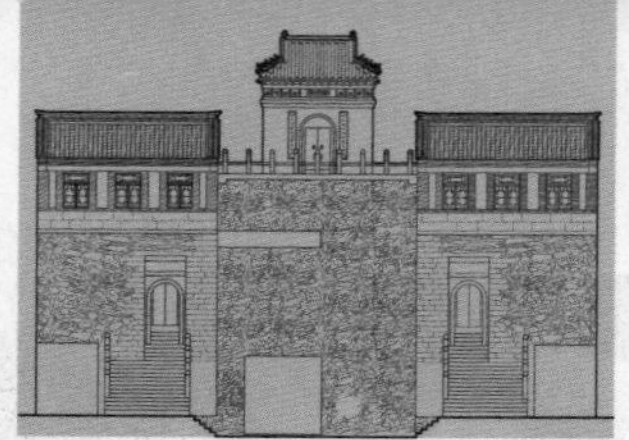

参考文献

[1] 大连百科全书编纂委员会 . 大连百科全书 [M] . 北京：中国大百科全书出版社 , 1999.

[2] 李允鉌 . 华夏意匠 [M] . 天津：天津大学出版社 , 2005.

[3] 赵广超 . 不只中国木建筑 [M] . 北京：生活·读书·新知三联书店 , 2006.

[4] 大连通史编纂委员会 . 大连通史——古代卷[M]. 北京：人民出版社 , 2007.

[5] 陆元鼎 . 中国民居研究五十年 [J] . 建筑学报 , 2007, (11).

[6] 中国民族建筑研究会 . 中国民族建筑研究[M]. 北京：中国建筑工业出版社 , 2008.

[7] 孙激扬 , 杲树 . 普兰店史话 [M] . 大连：大连海事大学出版社 , 2008.

[8] 李振远 . 大连文化解读 [M] . 大连：大连出版社 , 2009.

[9] 大连市文化广播影视局 . 大连文物要览 [M] . 大连：大连出版社 , 2009.

历史照片

取自《大连老建筑——凝固的记忆》

CAD 测绘

大连理工大学建筑系 06 级队

大连理工大学建筑系 07 级队

大连理工大学建筑系 09 级队

大连理工大学建筑系 10 级队

大连理工大学建筑系 11 级队

大连理工大学建筑系 12 级队

大连理工大学建筑系 13 级队

影像资料采集

大连风云建筑设计有限公司
大连兰亭聚文化传媒有限公司

后 记

在大家的共同的努力下，在众多有识之士的帮助与支持下，这套介绍大连古建筑的丛书终于出版了，需要感谢的人太多了！

我们要感谢齐康院士对本丛书提出的宝贵意见，并为本丛书欣然命笔写了序。我们要感谢普兰店市文体局张福君局长，连续几年的调研、测绘工作是在张局长帮助与支持下完成的。我们要感谢大连理工大学建筑与艺术学院建筑系06～13级的同学们，每当夏天就是我们共同在测绘现场的日子。我们要感谢兰亭聚文化传媒有限公司的陈煜董事长及其团队，他们无冬历夏反复的、精益求精的拍摄让我们感受到了专业团队的敬业精神。正是有这么多人，他们怀着对古建筑和传统文化探索的热情，有的默默工作，有的奔走呼号。他们的言行鞭策着我们，他们的言行更是我们的动力。

在大连这座曾经的殖民地城市做中国古建筑调研工作的选题其实是要点勇气的。其次，对这样一批分布较散的建筑进行调研、测绘等工作，其工作量之大我们也是预先估计不足的，有一些工作现场先后去了不下五六次。再者，参与策划、调研、咨询、测绘和摄影摄像等工作的人员众多，工作周期很长，需要克服的如时间、经费及工作环境与条件等因素也较多。个中的艰辛和劳心劳力就不必细说了，任务完成之余大家感慨万千，商量许久，共同留下了一些感想：

通过参与这几年对大连的这批古建筑的调研工作，具体的感触是让我们觉得古建筑的保护仍然是个十分严峻的课题。这10余处古建筑大多为省保单位，只有一两处为市保单位，甚至还有一处为国保单位。它们无论从保护的制度到措施一应俱全，因此还算基本保存完好，但也存在一些问题。然而调研的有些古建筑也是保护单位，并且本身也具备一些历史价值，但从保护的角度看却显得不如人意，故无法将其收录。有些古建筑已经无法无破坏性修缮，有的古建筑的原状已经被歪曲篡改，其艺术价值和工艺价值都大大降低。有些古建筑单位在修缮中任意扩大规模，甚至过度开发旅游，加建太多破坏了环境。有些在修缮中夸大古建筑原有的等级，建筑装饰与彩绘失去规制，建筑风格南辕北辙。我们调研的大多数修缮过的古建筑，基本上不采用传统工艺。只有真正达到保存原来的传统工艺技术，还需要保存其形制、结构与材料，才能达到保存古建筑的原状。修缮文物古建筑的基本原则是要用原有的技术、原有的工艺、原有的材料，这也是搞好文物古建筑修缮的根本保证。《中国文物古迹保护准则》第二十二条也规定：“按照保护要求使用保护技术。独特的传统工艺技术必须保留。所有的新材料和新工艺都必须经过前期试验和研究，证明是有效的，对文物古迹是无害的，才可以使用。”在传统工艺方面我们做得太不够了。

我们还体会到，决不能抛弃民族传统，割断历史，因为中国古建筑与传统城市的艺术、功能和形式是经过了几千年的历史发展逐步形成的。对我国独特的传统文化的追求和继承，不应仅仅停留在形式剪辑的层面上，而应追求内涵和精神方面更深层面的表现，将现代要求、现代方法与传统的文化形态很好地结合起来，做到灵活运用，并抓住中国传统城市与古建筑文化的本质内涵。

并且我们理应肩负起中国传统建筑文化的现代化使命，去面对当今建筑文化全球化趋势的挑战。这就要求我们认识中国传统建筑文化的本质内涵，从哲学的深度来研究传统文化的起源、变化和发展，要求我们对传统文化的精髓有比较深刻的理解，认真从传统城市与古建筑的演变过程中，探索出继承、创新及发展的新思路。

胡文荟

2015 年 4 月